基礎コース物理化学 III

化学動力学

中田宗隆 著

東京化学同人

は じ め に

　昔は物理化学のことを理論化学といった．有機化学，無機化学，分析化学など，さまざまな分野での現象を物理学の知識を使って解明する．物理化学は物質を扱うあらゆる科学に不可欠な基礎知識である．

　ちまたには，世界的に定評のある物理化学の教科書や翻訳本が多数ある．それらは物理化学の重要な概念を網羅した良書である．しかし，日本の大学の学部学生向けの講義で使いやすい内容，レベル，記述かというと，そうでないものが多い．大学に入学した初学者が通読しやすいように内容を厳選し，学生の立場に立って解説した教科書が必要ではないだろうか．

　ここに"基礎コース物理化学 全4巻"を用意した．読者がもつと予想されるさまざまな疑問に対して，できるかぎりの説明を加えて4分冊にした．それぞれの巻で解説する主題は以下のとおりである．

> 第 I 巻 量 子 化 学: 原子，分子の量子論
> 第 II 巻 分子分光学: 分子と電磁波の相互作用
> 第 III 巻 化学動力学: 分子集団の状態の時間変化
> 第 IV 巻 化学熱力学: 分子集団のエネルギー変化

　この"第 III 巻 化学動力学"の前半では，ふつうの物理化学の教科書では天下り的に導入される圧力や温度を分子のエネルギーに基づいて説明する．また，後半では，アレニウスの式やボルツマンの式など，さまざまな反応機構に関する基礎的な概念について，具体的な例を示しながら，初学者が理解できるようにやさしい言葉で説明する．同じ著者が，同じレベル，同じスタンス，同じ表現で書いているので，他の巻の内容を参考にしながら，物理化学全体を理解しやすくなっていると思う．内容が理解できたかを確認するために，各章末にはおよそ10題の問題を用意した．解答は東京化学同人ホームページの本書のページに載せてある（http://www.tkd-pbl.com/）．

　最後に，社会人になって，もう一度，物理化学を勉強したくなった（あるいは勉強しなければならなくなった）読者にも役立つ教科書でもある．ぜひ，多くの方々に楽しんでいただきたいと思う．

2020 年 8 月 16 日

中 田 宗 隆

目　　次

第Ⅰ部　気体分子運動論

第 I 部

気体分子運動論

1

気体の平衡状態

気体は分子の集団でできている．分子集団になると，圧力 P，温度 T，体積 V などの物理量が初めて現れる．ここでは，圧力，温度，体積の間に状態方程式 $PV = nRT$ が成り立つ理想気体を考える．容器の中の分子集団は，体積が一定の場合には，圧力も温度も，分子集団の運動エネルギーの平均値，そして，運動エネルギーの総和に比例する．

1・1 気体は分子集団

われわれの身のまわりには大気がある．目で見えないので，いわれないとわからないが，確かに大気がある．風が吹いて木々の葉がゆれるから，何かが葉にぶつかっているのだろう．実際，大気は体積比で約 78%の窒素と，約 21%の酸素と約 1%のアルゴンからできている．物質は原子，分子でできていて，窒素の気体は N_2 分子から，酸素の気体は O_2 分子から，アルゴンの気体は Ar 原子からできている．どのくらいの数の分子（Ar 原子も単原子分子という）からできているかというと，膨大な数である．たとえば，常圧（1 atm），室温（300 K）で，27 L（30 cm×30 cm×30 cm）の容器の中に，約 $6.6×10^{23}$ 個という膨大な数の分子が含まれる．

I 巻と II 巻では，個々の分子の運動，波動関数，エネルギー固有値などを扱った．III 巻と IV 巻では，分子集団の運動，分配関数，エネルギー平均値などを扱う*．分子集団は分子の集団だから，個々の分子の物理量がわかれば，分子集団の物理量のすべてがわかるのではないかと思うかもしれないが，そうでもない．分子集団になったときに，初めて現れる物理量もある．たとえば，圧力，温度，体積などである．これらの物理量は 1 個の分子では定義できない物理量である．また，複数の分子になると，分子間で衝突が頻繁に起こる．1 個の分

---

* 分子を構成する原子核の運動には，質量中心が空間を移動する並進運動，分子全体が慣性主軸のまわりを回転する回転運動，核間距離が伸びたり縮んだりする振動運動がある（II 巻 1 章参照）．本書 1 章〜3 章では分子を剛体球として扱い，分子内エネルギー（回転運動と振動運動）は関係しないので，並進運動のエネルギーのことを，単に"運動エネルギー"とよぶことにする．

子では静止した分子はいつまでも静止しているが，静止した分子に別の分子が
衝突すれば，運動エネルギーをやりとりして動きだす．あるいは，衝突によっ
て分子内エネルギーが増加すると，化学結合が変化して別の分子になることも
ある．これは化学反応である（本書第 II 部で詳しく説明する）．分子間の衝突
は，分子集団になると必ず考慮しなければならない現象である．

1・2　分子集団で現れる圧力

　説明を簡単にするために，一片の長さが ℓ の立方体の容器の中に，1 種類の
1 mol の分子が入っていたとする．mol（モル）というのは分子の個数を表す単
位であり，1 mol はアボガドロ定数 N_A（6.022 140 76×10^{23} mol^{-1}）個のことで
ある[*1]．分子集団を扱うときには膨大な数の分子を扱うので，個数で説明する
よりも，物質量（分子数）[*2] で説明したほうがわかりやすい．ちょうど，12 本
を 1 ダースというようなものである．まずは，質量 m の 1 個の分子が，容器の
中で x 軸の方向に運動し，容器の yz 面に平行な一つの壁 A に衝突したとする
〔図 1・1(a)〕[*3]．衝突したときに，分子は壁 A とエネルギーをやりとりする．分
子のエネルギーの大きさが変化すれば非弾性衝突であり，変化しなければ弾性

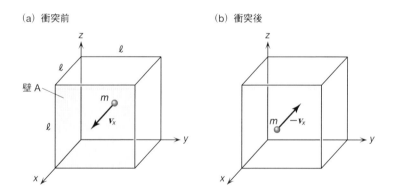

(a) 衝突前　　　　　　　　　　　　　　　(b) 衝突後

図 1・1　1 個の分子と壁との衝突（x 軸方向）

[*1]　以前は，1 mol は "0.012 kg の ^{12}C のなかに存在する原子の数に等しい数の要素分子を含む系の
　　　物質量" と定義されていたが，2019 年 5 月 20 日からアボガドロ定数 N_A が定義値（不確定さのな
　　　い値）に変更された．そのため，1 mol の ^{12}C の質量は不確定さを含む 0.011 999 999 9958(36) kg
　　　となった．

[*2]　単位の物質量は "物の質量" や "物質の量" という誤解を与えることもあるが，分子数の単位で
　　　ある．

[*3]　さまざまな速さで，さまざまな方向から衝突する分子については，3 章で詳しく説明する．

衝突である.

　弾性衝突では, 衝突前に速度 v_x だった分子は衝突後に同じ速さで逆向きに運動する〔図 1・1(b)〕. つまり, $-v_x$ と書くことができる. 速さを v_x (太字が速度ベクトルを表し, 細字が速度ベクトルの大きさ, つまり, 速さを表す) とすれば, 衝突前後で運動エネルギー ε に関する保存則が成り立つ.

$$\text{衝突前}\quad \varepsilon = \frac{1}{2}mv_x^2$$

$$\text{衝突後}\quad \varepsilon = \frac{1}{2}m(-v_x)^2 = \frac{1}{2}mv_x^2 \tag{1・1}$$

　一方, 運動量 $\boldsymbol{p}_x$ は分子の質量 m に速度 $\boldsymbol{v}_x$ を掛け算した物質量だから, 運動の方向が変化すれば運動量も変化する. 衝突前後の運動量の変化量 Δp_x は (デルタ Δ は差を表す),

$$\Delta p_x = m(-v_x) - mv_x = -2mv_x \tag{1・2}$$

となる. 弾性衝突では衝突によって速さも運動エネルギーも変わらないが, 運動の方向や運動量は変化する. ただし, エネルギーの保存則と同様に運動量の保存則も成り立つ. そうすると, 壁 A との衝突によって, 分子の運動量が $2mv_x$ 減ったのだから, 壁 A の運動量が $2mv_x$ 増えたことになる. 壁 A が受取るこの運動量が, 実は, 壁 A に対する圧力の原因となる.

　圧力は"単位時間, 単位面積あたりに壁が受取る運動量"として定義される. このことは物理量の単位(国際純正・応用化学連合 IUPAC が推奨する国際単位系 SI) で考えると確認できる. 速さの単位は $\mathrm{m\,s^{-1}}$ である. 運動量の大きさは質量×速さだから, 単位は $\mathrm{kg\,m\,s^{-1}}$ である. そうすると, 単位時間 $\mathrm{s^{-1}}$, 単位面積 $\mathrm{m^{-2}}$ あたりの運動量の変化量は $\mathrm{kg\,m\,s^{-1}\,s^{-1}\,m^{-2}} = \mathrm{kg\,m\,s^{-2}\,m^{-2}}$ となる. $\mathrm{kg\,m\,s^{-2}}$ は質量×加速度のことだから力の単位である. 力の単位 $\mathrm{kg\,m\,s^{-2}}$ を N (ニュートン) という. 結局, 圧力の単位は $\mathrm{N\,m^{-2}}$, つまり, 単位面積あたりの力になる. 圧力の単位 $\mathrm{N\,m^{-2}}$ を Pa (パスカル) という (表 1・1).

表 1・1　圧力の単位の関係式

1 Pa (パスカル) $= 1\,\mathrm{N\,m^{-2}} = 1\,\mathrm{kg\,m\,s^{-2}\,m^{-2}} = 1\,\mathrm{kg\,m^{-1}\,s^{-2}}$
1 hPa (ヘクトパスカル) $= 1\times10^2\,\mathrm{Pa}$
1 bar (バール) $= 1\times10^5\,\mathrm{Pa}$
1 atm (標準大気圧) $= 1.013\,25\times10^5\,\mathrm{Pa} = 1.013\,25\,\mathrm{bar}$

また，$1\times10^2\,\text{Pa}$ のことを 1 hPa（ヘクトパスカル），$1\times10^5\,\text{Pa}$ のことを 1 bar（バール）という．大気の圧力には海面での大気圧を基準とした単位 atm（標準大気圧）が古くから使われてきたが，SI の単位とは $1\,\text{atm} = 1.013\,25\times10^5\,\text{Pa} = 1.013\,25\,\text{bar}$ の関係がある．

　分子が単位時間あたりに壁 A に衝突する回数を計算してみよう．立方体の容器の一片の長さは ℓ だから，分子が往復する距離は 2ℓ である．分子は速さ v_x で運動するから，往復にかかる時間は $2\ell/v_x$ である．そうすると，分子は単位時間あたりに，壁 A に $v_x/2\ell$ 回衝突することになる．つまり，壁 A が 1 個の分子から受取る単位時間あたりの運動量は，次のように計算できる．

$$\Delta p_x(\text{単位時間あたり}) = 2mv_x\frac{v_x}{2\ell} = \frac{mv_x^{\,2}}{\ell} \tag{1・3}$$

また，壁 A の面積は ℓ^2 だから，単位時間，単位面積あたりの運動量の変化は，

$$\Delta p_x(\text{単位時間，単位面積あたり}) = \frac{mv_x^{\,2}}{\ell^3} \tag{1・4}$$

となる．ℓ^3 は立方体の容器の体積のことだから，次のようになる．

$$\Delta p_x(\text{単位時間，単位面積あたり}) = \frac{mv_x^{\,2}}{V_\text{m}} \tag{1・5}$$

ここでは 1 mol の気体の体積を考えているので，モル体積 V_m を用いた．添え字の m は 1 mol あたりであることを表す．なお，(1・5)式は容器の形が立方体でなくても成り立つ式である（章末問題 1・6 参照）．

1・3　圧力と運動エネルギー

　前節では，1 個の分子の運動と壁との衝突を考えた．1 個の分子では，分子が衝突していないときには壁に運動量を与えないので，圧力という概念はない．しかし，1 mol の膨大な数の分子が容器の中にあると，分子が次々と壁に衝突して，常に壁に運動量を与え続ける（図1・2）．圧力は分子集団になったときに初めて現れる物理量である．とりあえず，1 mol の分子が互いに衝突せずに，壁に運動量を与え続けると仮定しよう．また，x 軸方向に運動する分子を考えることにする．容器の壁がすべての分子から受取る単位時間，単位面積あたりの運動量 Δp_x の総和が分子集団の圧力 P だから，(1・5)式より，

$$P(\text{圧力}) = \sum_i \Delta p_{x(i)} = \sum_i \frac{mv_{x(i)}^{\,2}}{V_\text{m}} \tag{1・6}$$

となる. 添え字の i は, かりにつけた分子の番号である. 1 mol の分子集団の場合には $i = 1, \cdots, N_A$ である. 分子の運動エネルギー ε_i は古典力学で $(1/2)mv_{x(i)}^2$ と表されるから, $(1・6)$ 式は次のように書くこともできる.

$$P = \frac{2}{V_m} \sum_i \frac{1}{2} mv_{x(i)}^2 = \frac{2}{V_m} \sum_i \varepsilon_i \qquad (1・7)$$

つまり, 容器の体積 V_m が一定の場合には, 圧力 P は個々の分子の運動エネルギーの総和 $\sum_i \varepsilon_i$ に比例することがわかる.

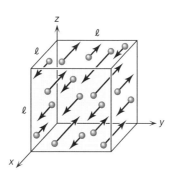

図 1・2　分子集団と壁との衝突（x 軸方向）

1 mol（N_A 個）の分子集団では, 分子と壁との衝突のほかに, 分子間の衝突も頻繁に起こる. つまり, 個々の分子の速度, そして, 運動エネルギーは常に変化する. ただし, 容器の外部（外界という）とのエネルギーのやりとりがなければ, 分子全体のエネルギーの総和は変わらない. このような状態を平衡状態という. 平衡状態では, 個々の分子の物理量は刻一刻と変化しているが, 分子集団の圧力, 温度, 体積などの物理量は一定の値になる. 平衡状態で一義的に決められる物理量を状態量という. ただし, 外界とエネルギーをやりとりすると, 平衡状態は別の平衡状態になり, 状態量の値は変わる. したがって, 状態量のことを状態変数とよぶこともある（IV 巻 §1・2 で詳しく説明する）.

物理量の記号を 〈 〉 で挟んで, その物理量の平均値を表すことにする. 1 mol（N_A 個）の分子の運動エネルギーの 1 分子あたりの平均値 $\langle \varepsilon \rangle$ は, 運動エネルギーの総和を分子数 N_A で割り算して,

$$\langle \varepsilon \rangle = \frac{1}{N_A} \sum_i \frac{1}{2} mv_{x(i)}^2 = \frac{1}{2} m \langle v_x^2 \rangle \qquad (1・8)$$

となる. つまり, 運動エネルギーの平均値は, 速さの 2 乗の平均値 $\langle v_x^2 \rangle$ を使っ

て表される．ここで，$\sum_i \varepsilon_i = N_A \langle \varepsilon \rangle$ だから，$(1 \cdot 8)$式を$(1 \cdot 7)$式に代入すると，圧力Pは次のように書くこともできる．

$$P = \frac{2}{V_m} N_A \langle \varepsilon \rangle = \frac{2}{V_m} N_A \frac{1}{2} m \langle v_x^2 \rangle \tag{1 \cdot 9}$$

分子は実際にはx軸方向だけでなく，3次元空間 (x, y, z) で運動している．速度も3成分をもつベクトルv，つまり，(v_x, v_y, v_z) で表される．個々の分子の成分の速さv_x, v_y, v_z は等しいわけではない．しかし，分子の運動は方向によって差があるわけでないから（これを等方的という），平均値をとると，$\langle v_x^2 \rangle = \langle v_y^2 \rangle = \langle v_z^2 \rangle$ が成り立つ．そうすると，速さvの2乗の平均値$\langle v^2 \rangle$は，

$$\langle v^2 \rangle = \langle v_x^2 + v_y^2 + v_z^2 \rangle = \langle v_x^2 \rangle + \langle v_y^2 \rangle + \langle v_z^2 \rangle = 3 \langle v_x^2 \rangle \tag{1 \cdot 10}$$

となる．したがって，$\langle v_x^2 \rangle = \langle v^2 \rangle / 3$ を$(1 \cdot 9)$式に代入すると，圧力Pはどの壁に対しても，

$$P = \frac{2}{3V_m} N_A \frac{1}{2} m \langle v^2 \rangle = \frac{2}{3V_m} N_A \langle \varepsilon \rangle \tag{1 \cdot 11}$$

となる．3次元空間で運動する分子を考えても，確かに，圧力Pは分子の運動エネルギーの平均値$\langle \varepsilon \rangle$，そして，運動エネルギーの総和$N_A \langle \varepsilon \rangle$ に比例する．

同じ状態量でも，圧力と体積では性質が大きく異なる．図1・2に示した同じ平衡状態の気体の容器を二つくっつけて，境目を取除いて体積を2倍にしてみよう．一つの容器の中では1 molの分子が運動しているから，体積が2倍になると，物質量（分子数）も2倍の2 molになる．体積のような物質量に比例する状態量を示量性変数という．運動エネルギーの総和も物質量が2倍になると2倍になるので示量性変数である．一方，圧力が1 atmの同じ平衡状態にある気体の容器を二つくっつけて，境目を取除いても圧力は1 atmのままである．このように，物質量に依存しない状態量を示強性変数という*．

温度Tも示強性変数である．図1・2の1 molの分子を含む同じ平衡状態の気体の容器を二つくっつけて，境目を取除いて体積を2倍にしても，温度は変わらない．また，運動エネルギーの総和は示量性変数であるが，運動エネルギーの平均値は示強性変数である．同様に，体積Vは示量性変数であるが，体積を物質量nで割り算したモル体積V_m ($= V/n$) は示強性変数である．示量性変数を示量性変数で割り算すると示強性変数となる．たとえば，分子数Nを体積V

---

* 示量性変数を大文字で，示強性変数を小文字で書く教科書もあるが，ここでは圧力も温度も大文字で表す．IV巻では小文字のpを混合物の分圧に使う．

で割り算した数密度 ρ（$= N/V$）や，物質量 n を体積で割り算した物質量濃度
も示強性変数である．物質量濃度は分子名を［　］で挟んで［A］（$= n/V = 1/V_m$）のように表す（本書第 II 部で使う）．

1・4　理想気体の状態方程式

　これまでは，体積 V_m が一定の条件で容器の中の分子集団を考えた．この節
では，体積を変化させたときに，圧力と温度がどのように変化するかを考え
る．すでに述べたように，平衡状態にある分子集団の圧力 P，温度 T，体積 V_m
は一定の値である．しかし，外界とエネルギーをやりとりすると，圧力，温
度，体積が変化して別の平衡状態になる．ただし，もしも，温度が変化しなけ
れば*，圧力 P と体積 V_m の間には反比例の関係がある．これをボイルの法則と
いう．式で表せば，次のようになる．

$$PV_m = 一定 \qquad (1・12)$$

　また，圧力 P が変化しなければ，体積 V_m と温度 T の間には比例の関係があ
る．これをシャルルの法則という．

$$V_m \propto T \qquad (1・13)$$

実際に，1 mol のアルゴンの気体について，圧力 P を一定にして，温度 T を変
化させた場合のモル体積 V_m の変化を図1・3に示す．圧力 P が一定の条件で，

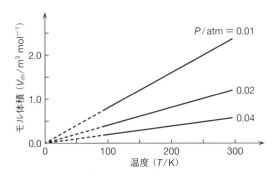

図 1・3　アルゴンのモル体積 V_m の温度依存性（圧力 P は一定）

---

　*　外界とやりとりするエネルギーには，仕事エネルギーと熱エネルギーがある．外界から受取る
　　熱エネルギーの大きさが，外界に行う仕事エネルギーの大きさに等しい場合，気体の運動エネル
　　ギーは変わらないので温度は変わらない．しかし，圧力と体積は変わる．また，仕事エネルギー
　　が 0 の場合には体積は変わらないが，熱エネルギーによって気体の運動エネルギーが変わるので，
　　温度と圧力は変わる．IV 巻で詳しく説明する．

モル体積 V_m はそれぞれの圧力で温度 T に比例する（直線になる）．実際の実験
では，アルゴンは 90 K（-183 ℃）付近で液化するので，気体の体積を測るこ
とはできない．しかし，図 1・3 の破線で示したように，それぞれの圧力で温度
を 0 K に外挿すると，どのような圧力でも原点を通る（y 切片が 0 という意味）．
そこで，(1・13)式の比例定数を R/P とすると，

$$PV_m = RT \tag{1・14}$$

となり，(1・12)式も成り立つ式が得られる．図 1・3 のそれぞれの圧力での直
線の傾きが R/P に対応する．したがって，圧力 P が高くなるにつれて，直線の
傾きは緩やかになる．

　(1・14)式は平衡状態における気体の状態量 P，V_m，T の関係式である．これ
を理想気体の状態方程式という．また，物質量が n mol の場合には，

$$PV = nRT \tag{1・15}$$

となる（$V = nV_m$）．比例定数の R はモル気体定数とよばれ，1 mol あたりの値
である．表 1・2 には七つの定義定数（物理量の基本単位の定義に用いられる物
理定数）と，いろいろな単位のモル気体定数 R の値を示した．

　実際の気体（これを実在気体という）で，理想気体の状態方程式(1・14)が成
り立つかどうかを調べてみよう．たとえば，温度 T が 273.15 K（0 ℃）で，ヘ

表 1・2　七つの定義定数とモル気体定数[†1]

物理定数	記号	数　値
^{133}Cs 遷移振動数	$\Delta\nu_{Cs}$	9 192 631 770 s^{-1}
真空中の光速	c	299 792 458 m s^{-1}
プランク定数	h	6.626 070 15×10^{-34} J s
電気素量	e	1.602 176 634×10^{-19} C
ボルツマン定数	k_B	1.380 649×10^{-23} J K^{-1}
アボガドロ定数	N_A	6.022 140 76×10^{23} mol^{-1}
放射光強度[†2]	K_{CD}	683 cd sr J^{-1} s
モル気体定数[†3]	R	0.082 057 366 08⋯ dm^3 atm K^{-1} mol^{-1} 8314.462 618⋯ dm^3 Pa K^{-1} mol^{-1} 0.083 144 626 18⋯ dm^3 bar K^{-1} mol^{-1} 8.314 462 618⋯ J K^{-1} mol^{-1}

†1　CODATA 2018 年度版の数値．
†2　振動数 540×10^{12} s^{-1} の単色光．単位の sr（ステラジアン）は立体角のこと．
†3　単位の 1 dm は 10 cm のこと，1 dm^3 は 1 L のこと．

リウムとメタンの気体について，圧力 P を 1 atm よりも下げながらモル体積 V_m を測定する．縦軸に PV_m，横軸に圧力 P の値をとってグラフにすると，図1・4 のようになる．

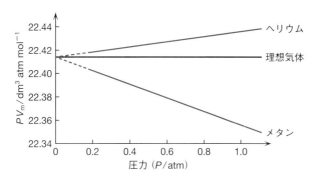

図 1・4　PV_m の圧力依存性（$T = 273.15$ K）

　もしも，理想気体の状態方程式(1・14)が成り立つならば，温度が一定の条件で，どのような圧力 P でも，PV_m（$= RT$）の値は一定の値となり，グラフは水平線になるはずである．しかし，実在気体は理想気体ではないので，水平線にはならない．ヘリウムの値は理想気体よりも大きく，メタンの値は理想気体よりも小さい．このように実在気体が理想気体からずれる理由については，7章で詳しく説明する．

　ヘリウムとメタンに関するグラフ（図1・4）では，それぞれの直線の傾きは異なるが，y 切片，つまり，圧力 P を 0 atm に外挿した PV_m（$= RT$）の値は一致する．温度 $T = 273.15$ K の場合には 22.414 dm³ atm mol⁻¹ となる．ヘリウム，メタンでなくても，どのような分子でも，圧力 P を 0 atm に外挿した値は理想気体の値と同じになる（束一的性質という）．そうすると，モル気体定数 R はすべての分子に共通であり，y 切片の値（RT）を温度 T で割り算して，

$$R = 22.414/273.15 \approx 0.082\,057 \text{ dm}^3 \text{ atm K}^{-1} \text{ mol}^{-1} \quad (1・16)$$

となる．圧力の単位を Pa（パスカル）に直したければ，1 atm $= 1.013\,25 \times 10^5$ Pa の関係式を利用して，

$$R = 0.082\,057 \times 1.013\,25 \times 10^5 \approx 8314.5 \text{ dm}^3 \text{ Pa K}^{-1} \text{ mol}^{-1} \quad (1・17)$$

となる（表1・2参照）．また，エネルギーの単位 J（ジュール）を使って表すこともできる（章末問題1・7）．

1・5　分子集団で現れる温度

（1・11）式に（1・14）式を代入すると，

$$RT = \frac{2}{3} N_A \langle \varepsilon \rangle \qquad (1 \cdot 18)$$

が成り立つ．したがって，温度 T は，

$$T = \frac{2}{3R} N_A \langle \varepsilon \rangle \qquad (1 \cdot 19)$$

となる．つまり，温度は分子の運動エネルギーの平均値 $\langle \varepsilon \rangle$，そして，運動エネルギーの総和 $N_A \langle \varepsilon \rangle$ に比例する．

（1・18）式あるいは（1・19）式を次のように書き換えることができる．

$$N_A \langle \varepsilon \rangle = \frac{3}{2} RT \qquad (1 \cdot 20)$$

つまり，運動エネルギーの総和 $N_A \langle \varepsilon \rangle$ は温度 T に比例する．両辺をアボガドロ定数 N_A で割り算すると，1 個の分子の平均エネルギー $\langle \varepsilon \rangle$ は，

$$\langle \varepsilon \rangle = \frac{3}{2} \frac{R}{N_A} T = \frac{3}{2} k_B T \qquad (1 \cdot 21)$$

となる．ここで k_B（$= R/N_A$）はボルツマン定数とよばれ，1 個の分子あたりの比例定数に相当する（表 1・2 参照）．1 mol あたりのエネルギーを考えて，エネルギーの単位に J mol^{-1} を用いるときには気体定数 R が使われる．一方，1 分子あたりのエネルギーを考えて，エネルギーの単位に J を用いるときにはボルツマン定数 k_B が使われる．

日常生活では，温度の単位はセルシウス温度（摂氏温度ともいう）の単位 °C を用いることが多い．水の凝固点は 0 °C であり，水の沸点は 100 °C である．しかし，物理化学では熱力学温度の単位を K（ケルビン）で表す*．絶対零度が 0 K であり，水の三重点（気相と液相と固相が共存する平衡状態）の温度が 273.16 K である（Ⅳ巻 7 章参照）．三重点の温度を 273.16 で割り算した値を 1 K と定義する．熱力学温度とセルシウス温度の関係は，

$$\text{熱力学温度（K）} = \text{セルシウス温度（°C）} + 273.15 \qquad (1 \cdot 22)$$

---

* 1 mol の定義と同様に，1 K の定義も 2019 年 5 月 20 日から変更された．まず，表 1・2 に示す七つの定義定数（$\Delta\nu_{Cs}$, c, h, e, k_B, N_A, K_{CD}）が誤差のない値となり，それらの値から七つの基本単位（1 m, 1 kg, 1 s, 1 A, 1 K, 1 Cd, 1 mol）が導かれる〔日本化学会国際交流委員会単位・記号専門委員会，"化学と教育"，**65**，462（2017）参照〕．

である．物理量の計算ではセルシウス温度 ℃ を用いることはないので，熱力学温度 K に変換してから計算する．

章末問題

1・1　1 atm, 0 ℃ で，理想気体の窒素 1 mol の体積 V_m は何 dm^3 になるか．モル気体定数 R の値は表 1・2 から選べ．

1・2　1 bar, 300 K で，体積 1 cm^3 にある理想気体の窒素の物質量を求めよ．必要な定数は表 1・2 の値を用いよ．

1・3　N 原子のモル質量を 14.003 g mol^{-1} とする．1 個の N$_2$ 分子の質量を求めよ．必要な定数は表 1・2 の値を用いよ．単位は kg で答えよ．

1・4　1 個の N$_2$ 分子が時速 360 km で壁と弾性衝突したとする．運動量の変化量を求めよ．

1・5　1 個の N$_2$ 分子が 500 m s^{-1} の速さで運動しているとする．運動エネルギーを求めよ．単位は J（ジュール）とする．

1・6　$x = a$, $y = b$, $z = c$ の直方体の容器を考えるとき，(1・3)式と(1・4)式はどのような式になるか．また，この直方体の容器でも，同じ(1・5)式が得られることを確認せよ．

1・7　モル気体定数 R を 8314.5 dm^3 Pa K^{-1} mol^{-1} とする．圧力の単位 Pa の代わりにエネルギーの単位 J を使うとき，モル気体定数 R の値と単位を答えよ．結果を表 1・2 で確認せよ．

1・8　密度は示量性変数か，示強性変数か．

1・9　飛行機の中でペットボトルの水を飲み，ふたをして空港に降りると，ペットボトルはどのようになるか．その理由を答えよ．

1・10　気球の中の空気を暖めると，気球は空に浮く．その理由を答えよ．

章末問題の解答は東京化学同人ホームページ（http://www.tkd-pbl.com/）の本書のページに掲載してます．

2

気体分子の速度分布

分子集団の個々の分子は，さまざまな運動エネルギーをもち，刻一刻と変化する．どのくらいの運動エネルギーをもつ分子が，どのくらいの確率で存在するかを表したものが，マクスウェルの速度分布則である．気体分子の速度分布がわかると，速度の大きさ（速さ）の平均値や，運動エネルギーの平均値を表す式などを導くことができる．

2・1 気体分子の平均速度

1 mol の分子の運動エネルギーの総和は，

$$N_A \langle \varepsilon \rangle = N_A \frac{1}{2} m \langle v^2 \rangle = \frac{1}{2} M \langle v^2 \rangle = \frac{3}{2} RT \qquad (2 \cdot 1)$$

である〔(1・20)式参照〕．ここで，$N_A m$ をモル質量 M で置き換えた．そうすると，気体を構成する分子の速さ（速度の大きさ）の 2 乗の平均値 $\langle v^2 \rangle$ を，次のように表すことができる．

$$\langle v^2 \rangle = \frac{3RT}{M} \quad \left(= \frac{3k_B T}{m} \right) \qquad (2 \cdot 2)$$

（　）のなかの式は，ボルツマン定数 k_B と 1 分子あたりの質量 m を用いた式である．分母と分子をアボガドロ定数 N_A で割り算すれば求められる．さらに，(2・2)式の両辺の平方根をとると，分子の速さの平均値に対応する物理量は，

$$\langle v^2 \rangle^{1/2} = \left(\frac{3RT}{M} \right)^{1/2} \quad \left[= \left(\frac{3k_B T}{m} \right)^{1/2} \right] \qquad (2 \cdot 3)$$

となる．$\langle v^2 \rangle^{1/2}$ の単位は速さを表す $\mathrm{m\,s^{-1}}$ である．ただし，$\langle v^2 \rangle^{1/2}$ は分子の速さの平均値 $\langle v \rangle$（§2・5 参照）とは異なる値なので，注意が必要である*.

$\langle v^2 \rangle^{1/2}$ のことを根平均二乗速さという．(2・3)式からわかるように，根平均二乗速さは，温度が高くなると大きな値になる．つまり，容器の体積が一定の

---

* 2乗の平均値 $\langle v^2 \rangle$ と平均値の2乗 $\langle v \rangle^2$ は異なる．たとえば，2と4の2乗の平均値は $(2^2 + 4^2)/2 = 10$ であるが，平均値 $(2+4)/2 = 3$ の2乗は9である．

(a) 運動速度が低い
　　温度(および圧力)
　　が低い

(b) 運動速度が高い
　　温度(および圧力)
　　が高い

図 2·1　分子の運動速度と温度(および圧力)の関係 (体積一定)

条件では, 外界から熱エネルギーを与えて温度が高くなると, 速く運動する分子の割合が増える (当然, 圧力も高くなる). その様子を図2·1に模式的に示した. 分子 (◦) につけた矢印の長さが速さを表す. また, 根平均二乗速さは分子の質量 (M あるいは m) に依存する. 圧力, 温度, 体積が同じ平衡状態では, 運動エネルギーの総和は同じだから, 重い分子はゆっくりと運動し, 軽い分子は速く運動する. 図2·2の分子 (◦) の大きさが質量の大きさを表す.

(a) 運動速度が低い
　　質量が大きい

(b) 運動速度が高い
　　質量が小さい

図 2·2　分子の運動速度と質量の関係 (圧力, 温度, 体積一定)

　代表的な分子の300 Kでの根平均二乗速さを表2·1に示す. 大気の主成分であるN$_2$分子の根平均二乗速さは300 Kで秒速517 mだから, およそ時速1800 kmである. 新幹線の速さが時速300 kmとすれば, 平均して, N$_2$分子の速さ

表 2·1　代表的な分子の根平均二乗速さ $\langle v^2 \rangle^{1/2}$ と速さの平均 $\langle v \rangle$[†] (300 K)

分子	$\langle v^2 \rangle^{1/2}$	$\langle v \rangle$	分子	$\langle v^2 \rangle^{1/2}$	$\langle v \rangle$	分子	$\langle v^2 \rangle^{1/2}$	$\langle v \rangle$
He	1367	1259	N$_2$	517	476	CH$_4$	683	629
Ne	609	561	O$_2$	484	446	C$_2$H$_6$	499	460
Ar	433	399	CO$_2$	412	380	C$_3$H$_8$	412	380
Kr	299	275	H$_2$O	645	594	C$_4$H$_{10}$	359	331
H$_2$	1927	1775	NH$_3$	663	611			

†　単位は m s^{-1}. 速さの平均 $\langle v \rangle$ については §2·5で説明する.

はその6倍になる. ほかの分子の根平均二乗速さは, モル質量 M の平方根に反比例させれば計算できる.

2・2 1次元で運動する分子の速度分布

すでに述べたように, 分子はさまざまな速度で運動する. また, 同じ分子でも, 速度は衝突などによって刻一刻と変化する. それでは, どのくらいの速度の分子が, どのくらい存在するだろうか. 速度に関する確率分布を速度分布という. まずは, 1次元 (x 軸方向) で運動する分子の速度分布を求めることにする.

二つのエネルギー状態を 0 と 1 と名づける. それぞれの状態の分子数 N_0 と N_1 の比は, ボルツマン分布則〔II 巻(2・29)式〕を参考にして,

$$\frac{N_1}{N_0} = \exp\left(-\frac{\Delta E}{k_{\mathrm{B}}T}\right) \qquad (2\cdot4)$$

と書ける (物質量と区別するために, n_0, n_1 の代わりに N_0, N_1 で表す). ここで, ΔE は二つの状態のエネルギー差 (状態 0 のエネルギーのほうが低いと仮定し, ΔE は正の値), k_{B} はボルツマン定数, T は熱力学温度である. x 軸方向に運動する分子の運動エネルギー ε は, 古典力学では(1・1)式で示したように,

$$\varepsilon = \frac{1}{2}mv_x^2 \qquad (2\cdot5)$$

で与えられる. 最もエネルギーの低い静止している分子 ($v_x = 0$, $\varepsilon = 0$) を状態 0 とすると, 速度 v_x で運動する分子数 N_1 は, (2・4)式から,

$$N_1 = N_0 \exp\left(-\frac{mv_x^2}{2k_{\mathrm{B}}T}\right) \qquad (2\cdot6)$$

となる.

分子が速度 $v_x \sim v_x + \mathrm{d}v_x$ の範囲にある確率 $\Phi\,\mathrm{d}v_x$ を求めてみよう. Φ が速度分布である. Φ はそれぞれの v_x に対して一定の値になるが, 確率 $\Phi\,\mathrm{d}v_x$ はどの範囲 ($\mathrm{d}v_x$) を考えるかによって値が変わる. すべての速度範囲では確率 $\Phi\,\mathrm{d}v_x$ は 1 である. つまり, $\int_{-\infty}^{+\infty}\Phi\,\mathrm{d}v_x = 1$ にする必要がある (古典力学ではエネルギーも速度も連続なので, 積分で考える). これを規格化という (I 巻 §4・2 参照). 規格化定数 N (分子数とは無関係) は(2・6)式をすべての速度範囲で積分して,

$$N = \int_{-\infty}^{+\infty} N_1\,\mathrm{d}v_x = N_0 \int_{-\infty}^{+\infty} \exp\left(-\frac{mv_x^2}{2k_{\mathrm{B}}T}\right)\mathrm{d}v_x \qquad (2\cdot7)$$

と求められる. (2・7)式を規格化定数 N で割り算すれば 1 である. つまり, 確

率で考えるならば，(2・6)式を規格化定数 N で割り算すれば速度分布 Φ となる（$\Phi = N_1/N$）.

(2・7)式の $v_x{}^2$ は速度 v_x の大きさの2乗 $|v_x|^2$ を表す．速さを表す v_x は0または正の値であるが，v_x は速さではなく速度ベクトルなので，$-\infty < v_x < \infty$ のすべての範囲で積分する．この積分は次の数学の公式を使って計算できる．

$$\int_{-\infty}^{+\infty} \exp(-\alpha x^2)\,dx = \left(\frac{\pi}{\alpha}\right)^{1/2} \tag{2・8}$$

$\alpha = m/2k_\mathrm{B}T$，$x = v_x$ とおけば，(2・7)式の計算結果は，

$$N = N_0 \left(\frac{2\pi k_\mathrm{B}T}{m}\right)^{1/2} \tag{2・9}$$

となる*．そうすると，速度が $v_x \sim v_x + dv_x$ の範囲にある確率 $\Phi\,dv_x$ は，次のようになる．

$$\begin{aligned}
\Phi\,dv_x &= \frac{N_1}{N}\,dv_x = \frac{N_0 \exp(-mv_x{}^2/2k_\mathrm{B}T)}{N_0(2\pi k_\mathrm{B}T/m)^{1/2}}\,dv_x \\
&= \left(\frac{m}{2\pi k_\mathrm{B}T}\right)^{1/2} \exp\left(-\frac{mv_x{}^2}{2k_\mathrm{B}T}\right) dv_x
\end{aligned} \tag{2・10}$$

縦軸に速度分布 Φ をとり，横軸に速度 v_x をとってグラフにすると，図2・3のようになる．温度は 100 K，300 K，1000 K で計算した．静止している分子（$v_x = 0$）はエネルギーが最も低くて安定なので，最も速度分布 Φ が高くなる．

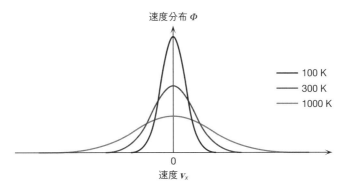

速度分布 Φ

─── 100 K
─── 300 K
─── 1000 K

0
速度 v_x

図 2・3　1次元で運動する分子の速度分布

---

*　速度で全領域を積分しているので，規格化定数 N の単位は m s^{-1} となる．また，速度分布 Φ の単位は分子数（無次元）を規格化定数で割り算したから m^{-1} s，確率 $\Phi\,dv_x$ の単位は無次元となる．

また，(1・1)式で説明したように，分子は正の方向に運動していても，負の方向に運動していても，速さ v および運動エネルギー ε は同じ値だから，速度分布 Φ は $v_x = 0$ を中心にして左右対称になる．そして，温度が高くなると速度分布の幅は広がり，運動エネルギーの高い分子が増える．結果的に運動エネルギーの平均値は大きくなる．逆に温度が低くなると速度分布の幅は狭くなり，静止した分子数が増える．結果的に運動エネルギーの平均値は小さくなる．絶対零度ではすべての分子が静止する（$v_x = 0$ となる）．

2・3　2次元で運動する分子の速度分布

今度は2次元の xy 平面内で運動する分子の速度分布を求める．x 軸方向と y 軸方向は等方的だから，分子の運動エネルギーは(2・5)式を参考にして，

$$\varepsilon = \frac{1}{2}m(v_x^2 + v_y^2) \tag{2・11}$$

と書ける．1次元の場合と同様に，状態1の分子数は(2・6)式を参考にして，

$$N_1 = N_0 \exp\left\{-\frac{m(v_x^2 + v_y^2)}{2k_B T}\right\} \tag{2・12}$$

となる．また，速度 v_x および v_y に関する規格化定数 N は，

$$\begin{aligned}
N &= N_0 \int_{-\infty}^{+\infty} \exp\left\{-\frac{m(v_x^2 + v_y^2)}{2k_B T}\right\} dv_x dv_y \\
&= N_0 \int_{-\infty}^{+\infty} \exp\left(-\frac{mv_x^2}{2k_B T}\right) dv_x \int_{-\infty}^{+\infty} \exp\left(-\frac{mv_y^2}{2k_B T}\right) dv_y
\end{aligned} \tag{2・13}$$

と表される．それぞれの積分は数学の公式(2・8)を利用すれば求められる．規格化定数 N は，

$$N = N_0 \left(\frac{2\pi k_B T}{m}\right)^{1/2} \left(\frac{2\pi k_B T}{m}\right)^{1/2} = N_0 \frac{2\pi k_B T}{m} \tag{2・14}$$

と計算できる．したがって，速度が $v_x \sim v_x + dv_x$ の範囲と $v_y \sim v_y + dv_y$ の範囲にある確率 $\Phi dv_x dv_y$ は，(2・12)式と(2・14)式より，

$$\Phi dv_x dv_y = \frac{N_1}{N} dv_x dv_y = \frac{m}{2\pi k_B T} \exp\left\{-\frac{m(v_x^2 + v_y^2)}{2k_B T}\right\} dv_x dv_y \tag{2・15}$$

となる．x 軸方向に速度 v_x をとり，y 軸方向に速度 v_y をとり，z 軸方向に速度分布 Φ をとってグラフにすると，図2・4のようになる．

原点では速度 $v_x = 0$，$v_y = 0$ の静止した分子を表し，最もエネルギーが低く

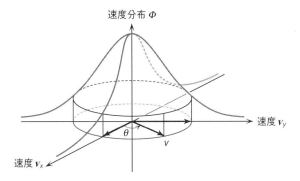

図 2・4　2次元で運動する分子の速度分布

て（$\varepsilon = 0$）安定なので，速度分布 Φ が最も高くなる．$v_y = 0$ の断面（xz 平面）の関数の形は，1次元で運動する分子の速度分布の式と同じになる〔(2・15)式で速さ $v_y = 0$ を代入すると，関数の形は(2・10)式と同じになり，係数だけが異なるという意味〕．$v_x = 0$ の断面（yz 平面）の関数の形も，1次元の速度分布の式と同じになる．また，(2・15)式で，

$$v_x^2 + v_y^2 = v^2 \tag{2・16}$$

の条件が成り立つ (v_x, v_y) の点は，速さ v を半径とする円周上のどこかにある．(2・16)式を(2・11)式に代入するとわかるが，速さ v が同じ点は運動エネルギーの値も同じである．そこで，それぞれの速度 v_x と v_y に関する分布を考えるのではなく，速さが $v \sim v + \mathrm{d}v$ の範囲にある確率を考えることにする．つまり，(2・16)式を(2・15)式に代入して，

$$\Phi\,\mathrm{d}v = \frac{m}{2\pi k_B T}\exp\!\left(-\frac{mv^2}{2k_B T}\right)\mathrm{d}v \tag{2・17}$$

で表される確率を考える．ただし，円周上の分子は同じ運動エネルギーの値なので，円周の長さ $2\pi v$ を掛け算する必要がある．半径 v の円周にそって速度分布 Φ を積分すると考えてもよい*．そうすると，(2・17)式は，

$$\Phi\,\mathrm{d}v = \frac{2\pi v m}{2\pi k_B T}\exp\!\left(-\frac{mv^2}{2k_B T}\right)\mathrm{d}v = \frac{mv}{k_B T}\exp\!\left(-\frac{mv^2}{2k_B T}\right)\mathrm{d}v \tag{2・18}$$

となる．(2・18)式の速度分布 Φ は速さ v の関数なので，横軸に速度 v の代わりに速さ v をとって2次元のグラフにすると，図2・5のようになる．なお，横

---

*　速さ v が一定の条件では，角度 θ に関する積分は $\int_0^{2\pi} v\,\mathrm{d}\theta = 2\pi v$ となる．

軸の v は速さだから0または正の値であり，負の値はとらない．

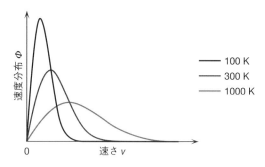

図2・5　2次元で運動する分子の速度分布（横軸は速さ）

　図2・5では，静止している分子（$v = 0$, $\varepsilon = 0$）の速度分布が最も低い．し
かし，図2・4では，静止している分子（$v_x = 0$, $v_y = 0$, $\varepsilon = 0$）の状態の速度
分布が最も高かった．このような異なる結果になる原因は確率の考え方にあ
る．図2・4は速度 v_x と v_y を軸にとった速度分布のグラフである．一方，図
2・5は速さ v を軸にとった速度分布のグラフである．たとえば，図2・4で
は，（v_x, v_y）が（3, 4）の点は（4, 3）とは異なる点を表すが，図2・5ではど
ちらも $v = 5$〔$= (3^2 + 4^2)^{1/2}$〕となり，横軸の同じ点を表す．さらに，（v_x, v_y）が
（-3, -4）や（0, 5）や（-5, 0）も，図2・5では横軸の同じ点になる．静止
している分子と異なり，同じ速さの分子はあらゆる θ の方向にたくさんある．
これが(2・17)式に円周の長さの $2\pi v$ を掛け算した理由である．そうすると，
静止した分子の速度分布は，$2\pi v = 0$ を掛け算することになるので0になる
（円周がないという意味）．静止した分子を表す原点から離れる（v が大きくな
る）にしたがって，エネルギーは高くなって不安定になり，速度分布は低くな
るはずである．しかし，円周が長くなるので速度分布は高くなり，図2・5に示
すように，ある速さの v で最大値となる*．

2・4　3次元で運動する分子の速度分布

　3次元で運動する分子の速度分布も，同様に考えることができる．x 軸方向と
y 軸方向と z 軸方向は等方的だから，分子の運動エネルギー ε は，

　＊　水素原子の1s軌道は，原子核の"位置"で電子の存在確率が最大になるが，動径分布関数で考
　　えると，ボーア半径の"距離"で電子の存在確率が最大になることと同じ．I巻§3・5参照．

$$\varepsilon = \frac{1}{2}m(v_x^2+v_y^2+v_z^2) \tag{2・19}$$

と書ける．また，(2・6)式を参考にすれば，状態1の分子数は，

$$N_1 = N_0 \exp\left\{-\frac{m(v_x^2+v_y^2+v_z^2)}{2k_BT}\right\} \tag{2・20}$$

となる．また，速度 v_x, v_y および v_z に関する規格化定数 N は，

$$N = N_0 \int_{-\infty}^{+\infty}\exp\left\{-\frac{m(v_x^2+v_y^2+v_z^2)}{2k_BT}\right\}dv_xdv_ydv_z$$
$$= N_0 \int_{-\infty}^{+\infty}\exp\left(-\frac{mv_x^2}{2k_BT}\right)dv_x \int_{-\infty}^{+\infty}\exp\left(-\frac{mv_y^2}{2k_BT}\right)dv_y \int_{-\infty}^{+\infty}\exp\left(-\frac{mv_z^2}{2k_BT}\right)dv_z$$
$$\tag{2・21}$$

となる．それぞれの積分は数学の公式(2・8)を利用すれば求められる．規格化定数 N は，

$$N = N_0\left(\frac{2\pi k_BT}{m}\right)^{3/2} \tag{2・22}$$

と計算できる．結局，速度が $v_x \sim v_x+dv_x$ と $v_y \sim v_y+dv_y$ と $v_z \sim v_z+dv_z$ の範囲にある確率 $\Phi dv_xdv_ydv_z$ は次のようになる．

$$\Phi dv_xdv_ydv_z = \frac{N_1}{N}dv_xdv_ydv_z$$
$$= \left(\frac{m}{2\pi k_BT}\right)^{3/2}\exp\left\{-\frac{m(v_x^2+v_y^2+v_z^2)}{2k_BT}\right\}dv_xdv_ydv_z \tag{2・23}$$

　速度が v_x と v_y と v_z の状態になる速度分布 Φ をグラフで描こうとすると，4次元空間が必要になるので描けない．そこで，2次元で運動する分子と同様に，

$$v_x^2 + v_y^2 + v_z^2 = v^2 \tag{2・24}$$

の式が成り立つ点を考える．このような点では速さ v が同じなので，運動エネルギーも同じ値である．そこで，縦軸に速度分布 Φ をとり，速さ v を横軸にとってグラフにする．そのためには，同じ速さ v の点の確率を足し算する必要がある．つまり，二次元の運動の場合には円周の長さ $2\pi v$ を掛け算したが，3次元の運動の場合には，速さ v を半径とする球の表面積 $4\pi v^2$ を掛け算する必要がある．そうすると，確率は次のようになる．

$$\Phi dv = 4\pi v^2\left(\frac{m}{2\pi k_BT}\right)^{3/2}\exp\left(-\frac{mv^2}{2k_BT}\right)dv \tag{2・25}$$

これを3次元のマクスウェルの速度分布則という*.

　速度分布 Φ を縦軸にとり,速さ v を横軸にとったグラフが図2・6である.図2・5と同様に2次元のグラフとなり,静止した分子の速度分布は0であり,ある速さ v で速度分布は最大になる.また,温度が高くなると,最大値を示す v は大きくなり,速い分子が増える.逆に,温度が低くなると,最大値を示す v は小さくなり,遅い分子が増える.図2・6はほとんど図2・5と変わらないようにみえる.しかし,二つの関数に共通する指数関数の部分を除けば,2次元の運動の速度分布は速さ v に比例し〔(2・18)式参照〕,3次元の運動の速度分布は v^2 に比例〔(2・25)式参照〕する.したがって,最大値を示す速さ v は,図2・6のほうが図2・5よりも $2^{1/2}$ 倍大きくなる(章末問題2・7と2・8参照).

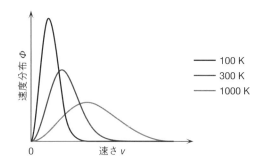

図 2・6　3次元で運動する分子の速度分布（横軸は速さ）

2・5　平均速度と平均エネルギー

　速度分布(速さ v に対する確率分布)Φ がわかると,速さ(速度の大きさ)の平均値 $\langle v \rangle$ を求めることができる.たとえば,さいころを1回振ったときに,出る目の平均値を求めたければ,それぞれの目の数にそれぞれの目の出る確率を掛け算して,総和をとればよい.細工のしていないさいころならば,どの目の出る確率も1/6だから,平均値は,

$$平均値 = \sum_{i=1}^{6} i \times \frac{1}{6} = (1+2+3+4+5+6) \times \frac{1}{6} = 3.5 \qquad (2 \cdot 26)$$

＊　古典力学ではエネルギーは連続である.この場合にはマクスウェルの速度分布則が成り立つ.量子論ではエネルギーはとびとびである.量子化されたエネルギーに基づいた分布をボルツマン分布則という.本書4章～6章では量子化されたエネルギーで分布を考えるので,ボルツマン分布則で説明する.

となる（4章で詳しく説明する）．そうすると，速さの平均値 $\langle v \rangle$ を求めるためには，速さ v に(2・25)式の確率 $\Phi \mathrm{d}v$ を掛け算して積分すればよい．結局，3次元空間で運動する分子の速さ v の平均値は，

$$\langle v \rangle = \int_0^\infty 4\pi \left(\frac{m}{2\pi k_\mathrm{B} T}\right)^{3/2} v^3 \exp\left(-\frac{mv^2}{2k_\mathrm{B} T}\right) \mathrm{d}v \qquad (2\cdot27)$$

となる（v は速度ベクトルではなく速さなので，積分範囲を $0 \leqq v < \infty$ と考えた）．ここで，次の数学の公式を利用する．

$$\int_0^\infty x^{2n+1} \exp(-\alpha x^2)\,\mathrm{d}x = \frac{n!}{2\alpha^{n+1}} \qquad (2\cdot28)$$

(2・27)式を計算するためには，(2・28)式で $n=1$, $x=v$, $\alpha = m/2k_\mathrm{B} T$ とおけばよい（$n! = 1 \times 2 \times \cdots \times n = 1$）．結果は，

$$\langle v \rangle = 4\pi \left(\frac{m}{2\pi k_\mathrm{B} T}\right)^{3/2} \frac{(2k_\mathrm{B} T)^2}{2m^2} = \left(\frac{8k_\mathrm{B} T}{\pi m}\right)^{1/2} \qquad (2\cdot29)$$

となる．右辺の分母と分子にアボガドロ定数 N_A を掛け算すると，$N_\mathrm{A} k_\mathrm{B} = R$（モル気体定数），$N_\mathrm{A} m = M$（モル質量）だから，次のようにも書ける．

$$\langle v \rangle = \left(\frac{8RT}{\pi M}\right)^{1/2} \qquad (2\cdot30)$$

代表的な分子の速さの平均値 $\langle v \rangle$ も表2・1に並べて示した．計算は簡単で，それぞれの分子の根平均二乗速さに $(8/3\pi)^{1/2}$ を掛け算すればよい．

　また，3次元で運動する分子の v^2 の平均値 $\langle v^2 \rangle$ は，v^2 に(2・25)式の確率 $\Phi \mathrm{d}v$ を掛け算して積分すればよいから，

$$\langle v^2 \rangle = \int_0^\infty 4\pi \left(\frac{m}{2\pi k_\mathrm{B} T}\right)^{3/2} v^4 \exp\left(-\frac{mv^2}{2k_\mathrm{B} T}\right) \mathrm{d}v \qquad (2\cdot31)$$

となる．今度は次の数学の公式を利用する．

$$\int_0^\infty x^{2n} \exp(-\alpha x^2)\,\mathrm{d}x = \frac{1 \times 3 \times 5 \cdots (2n-1)}{2^{n+1}\alpha^n} \left(\frac{\pi}{\alpha}\right)^{1/2} \qquad (2\cdot32)$$

(2・31)式を計算するためには，(2・32)式で $n=2$, $x=v$, $\alpha = m/2k_\mathrm{B} T$ とおけばよい．結果は，

$$\langle v^2 \rangle = 4\pi \left(\frac{m}{2\pi k_\mathrm{B} T}\right)^{3/2} \frac{3}{8} \left(\frac{2k_\mathrm{B} T}{m}\right)^2 \left(\frac{\pi 2k_\mathrm{B} T}{m}\right)^{1/2} = \frac{3k_\mathrm{B} T}{m}$$

$$(2\cdot33)$$

となる．また，分母と分子にアボガドロ定数 N_A を掛け算すると，

$$\langle v^2 \rangle = \frac{3RT}{M} \tag{2·34}$$

となって，(2·2)式が得られる．

　速度の大きさの2乗の平均値 $\langle v^2 \rangle$ を計算できたので，(2·33)式を使って，運動エネルギーの平均値 $\langle \varepsilon \rangle$ を表す(1·21)式を求めることができる．

$$\langle \varepsilon \rangle = \frac{1}{2}m\langle v^2 \rangle = \frac{3}{2}k_B T \tag{2·35}$$

気体の状態方程式を使わなくても，マクスウェルの速度分布則から，エネルギーの平均値を表す式を導くことができる．

章 末 問 題

2·1　300 K で H_2 分子の根平均二乗速さ $\langle v^2 \rangle^{1/2}$ を求め，表2·1の値を確認せよ．ただし，モル気体定数 R を 8.3145 J K^{-1} mol^{-1}，H 原子のモル質量を 1.0078 g mol^{-1} とする．

2·2　300 K で H_2 分子の根平均二乗速さ $\langle v^2 \rangle^{1/2}$ を求めよ．ただし，ボルツマン定数 k_B を 1.3806×10^{-23} J K^{-1}，H 原子の質量を 1.6735×10^{-27} kg とする．

2·3　300 K で D_2 分子の根平均二乗速さ $\langle v^2 \rangle^{1/2}$ を求めよ．ただし，D 原子のモル質量を 2.0141 g mol^{-1} とする．

2·4　300 K で D_2 分子の平均速さ $\langle v \rangle$ を求めよ．

2·5　状態0と状態1のエネルギー差が 10 J mol^{-1} とする．300 K で，状態0と状態1の分子数の比 N_1/N_0 を求めよ．ただし，アボガドロ定数 N_A を 6.0221×10^{23} mol^{-1}，ボルツマン定数 k_B を 1.3806×10^{-23} J K^{-1} とする．

2·6　1次元で運動する分子について，横軸に速さ v をとった速度分布 Φ のグラフを示せ．温度を 100 K，300 K，1000 K とする．

2·7　2次元で運動する分子の速度分布が最大になる速さ v を式で求めよ．

2·8　3次元で運動する分子の速度分布が最大になる速さ v を式で求めよ．

2·9　前問で，速度分布が最大になる H_2 分子の運動エネルギーを求めよ．ただし，温度を 300 K，ボルツマン定数 k_B を 1.3806×10^{-23} J K^{-1} とする．

2·10　前問で，温度が 900 K の場合にはどのような値になるか．また，速度分布が最大になる D_2 分子の運動エネルギーはどうなるか．

3

気体分子の衝突頻度

容器の中の分子はさまざまな速さで，さまざまな方向から壁に衝突する．単位時間，単位面積あたりの衝突回数の平均値を衝突頻度という．分子が壁と衝突する衝突頻度から，気体の圧力を計算できる．また，分子と分子との衝突に関する衝突頻度から，分子が別の分子と衝突するまでの平均距離を計算できる．これを平均自由行程という．

3・1 衝突までの時間と距離の関係

一片の長さが ℓ の立方体の容器の中に，1 mol の分子があるとする．単位時間 s^{-1}，単位面積 m^{-2} あたりに，どのくらいの分子が壁に衝突するだろうか．これを衝突頻度という．衝突頻度は速度分布から求めることができる．速度分布（速さ v に対する確率分布）については 2 章で詳しく説明した．3 次元空間で，$v \sim v+\mathrm{d}v$ の範囲で運動する分子の確率 $\varPhi\,\mathrm{d}v$ は，

$$\varPhi\,\mathrm{d}v = 4\pi v^2 \left(\frac{m}{2\pi k_{\mathrm{B}}T}\right)^{3/2} \exp\left(-\frac{mv^2}{2k_{\mathrm{B}}T}\right)\mathrm{d}v \tag{3・1}$$

で与えられる〔(2・25)式〕．また，速さ v の平均値は，

$$\langle v \rangle = \int_0^\infty v\varPhi\,\mathrm{d}v = \left(\frac{8k_{\mathrm{B}}T}{\pi m}\right)^{1/2} \tag{3・2}$$

で与えられる〔(2・29)式〕．さらに，分子はさまざまな方向から壁に衝突するので，どの角度の方向に，どのくらいの距離に，どのくらい存在するかという確率を計算する必要がある．このような場合には，直交座標系よりも極座標系で考えるほうがわかりやすい（I 巻の図 4・1 参照）．ここでは，xy 平面内にある容器の壁の中心に原点をとり，その垂線（z 軸）からの傾きを角度 θ とし，xy 平面への射影の垂線まわりの角度（x 軸からの角度）を ϕ とし，原点からの距離を r として，分子の位置を表すことにする（図 3・1）．

位置 (r, θ, ϕ) にある 1 個の分子が，原点（xy 面の容器の壁の中心）に向かって速さ v で運動するときに，時間 $\mathrm{d}t$ 内（d は微小を表す）に原点に衝突するか

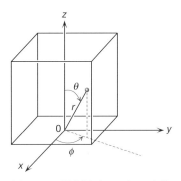

図 3・1　極座標 (r, θ, ϕ) の定義

どうかを考える．分子が時間 dt で移動する距離（——→）は $v\,dt$ である．そうすると，原点からの距離 r が $v\,dt$ よりも近い位置にある分子は，時間 dt よりも短い時間で原点に衝突する〔図 3・2(a)〕．一方，原点からの距離 r が $v\,dt$ よりも遠い位置にある分子は，時間 dt 内に原点に衝突しない〔図 3・2(b)〕．

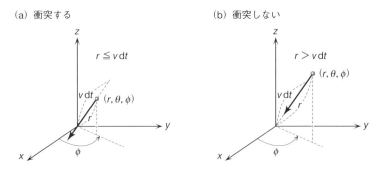

図 3・2　速さ v の分子が時間 dt 内に原点に衝突する可能性

3・2　複数の分子の衝突頻度

今度は角度 (θ, ϕ) の方向から，xy 面の壁の微小領域（図 3・3 の灰色の部分）に衝突する複数の分子を考える．分子の速度 v は同じであると仮定する．つまり，すべての分子は xy 面の壁の微小領域に向かって，同じ速さで平行に移動すると仮定する．前節の 1 個の分子の衝突で説明したように，微小領域からの距離 r が $v\,dt$ よりも近い位置にある分子は，時間 dt 内に原点のまわりの微小領域に衝突する．しかし，微小領域からの距離 r が $v\,dt$ よりも遠い位置にある分子

は，時間 dt 内に衝突できない．そうすると，図3・3の平行六面体の中に含まれる分子が，時間 dt 内に壁 xy の微小領域に衝突することになる.

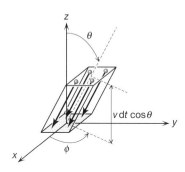

図 3・3　時間 dt 内に角度 (θ, ϕ) 方向から，速度 v で xy 平面内の壁の微小領域に衝突する複数の分子

　図3・3の平行六面体の体積は底面積×高さで計算できる．まずは，底面積（上面でも下面でも同じ）を極座標で計算する．そのためには，極座標系の積分因子（I巻の章末問題5・9の解答）を使って考えると，わかりやすい．極座標系での積分因子とは，$r \sim r+dr$, $r\theta \sim r(\theta+d\theta)$, $(r\sin\theta)\phi \sim (r\sin\theta)(\phi+d\phi)$ で囲まれた微小領域の体積のことである．したがって，図3・4からわかるように，平行六面体の底面積（微小領域）を式で表せば，

$$底面積 = r\,d\theta \times r\sin\theta\,d\phi = r^2\sin\theta\,d\theta\,d\phi \qquad (3\cdot3)$$

となる（積分因子の式で，厚み dr を考えないという意味）.

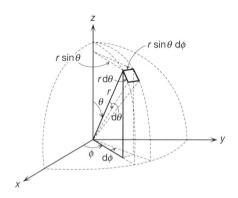

図 3・4　極座標系での角度に関する積分因子

半径 r の球の表面積は $4\pi r^2$ だから，表面積に対する微小領域の面積〔(3・3)式〕の割合*は，球の半径 r がどのような値であっても，(3・3)式を $4\pi r^2$ で割り算して $(1/4\pi)\sin\theta\,\mathrm{d}\theta\,\mathrm{d}\phi$ となる．これを平行六面体の底面積（微小領域）とする．一方，平行六面体の上面と下面を結ぶ辺の長さは $v\,\mathrm{d}t$ だから，平行六面体の高さは $v\,\mathrm{d}t\cos\theta$ である（図3・3参照）．したがって，平行六面体の体積は，

$$\text{体積} = \frac{1}{4\pi}v\cos\theta\sin\theta\,\mathrm{d}\theta\,\mathrm{d}\phi\,\mathrm{d}t \qquad (3・4)$$

となる．平行六面体に含まれる分子数を $\mathrm{d}N$ とする（規格化定数の N と混乱しないこと）．微小領域での分子数なので微小を表す d をつけた．平行六面体の体積に，単位体積あたりの分子数である数密度 ρ（ロー）を掛け算して，

$$\mathrm{d}N = \frac{1}{4\pi}\rho v\cos\theta\sin\theta\,\mathrm{d}\theta\,\mathrm{d}\phi\,\mathrm{d}t \qquad (3・5)$$

となる．結局，単位時間に xy 面の壁の微小領域に衝突する分子数 $\mathrm{d}N/\mathrm{d}t$ は，

$$\frac{\mathrm{d}N}{\mathrm{d}t} = \frac{1}{4\pi}\rho v\cos\theta\sin\theta\,\mathrm{d}\theta\,\mathrm{d}\phi \qquad (3・6)$$

と求められる．

　これまでは速さ v で運動する分子のみを考えた．しかし，実際には，速い分子もあれば遅い分子もある．速い分子は xy 面の壁から遠くに離れていても時間 $\mathrm{d}t$ 内に衝突するが，遅い分子は壁の近くにいないと時間 $\mathrm{d}t$ 内に衝突しない．つまり，平行六面体の体積は分子の速さ v に依存する〔(3・4)式に v が含まれるという意味〕．さまざまな速さのすべての分子を考慮するために，まずは，速さが $v \sim v+\mathrm{d}v$ の微小範囲を考えて，そのあとで，すべての速さ v について積分する．微小範囲 $v \sim v+\mathrm{d}v$ に存在する分子数 $\mathrm{d}N/\mathrm{d}t$ は，(3・6)式に速度分布に関する確率 $\Phi\,\mathrm{d}v$ を掛け算して，

$$\frac{\mathrm{d}N}{\mathrm{d}t} = \frac{1}{4\pi}\rho v(\Phi\,\mathrm{d}v)\cos\theta\sin\theta\,\mathrm{d}\theta\,\mathrm{d}\phi \qquad (3・7)$$

となる．すべての速さの分子を考慮した衝突頻度を求めるためには，(3・7)式を $0 \leqq v < \infty$ の範囲で積分すればよい．また，分子はある決まった角度 (θ, ϕ) の方向からだけではなく，さまざまな方向から衝突するので，$0 \leqq \theta < \pi/2$（壁の裏側からは衝突しない）の範囲，および $0 \leqq \phi < 2\pi$ の範囲で積分する必要が

＊　あとで全空間で積分した値を求めるために，ここでは底面積を表面積で規格化する．

ある（図3・4参照）．結局，衝突頻度 z（座標の z と混乱しないこと）は，

$$z = \int \frac{dN}{dt} = \frac{\rho}{4\pi} \int_0^\infty v\Phi \, dv \int_0^{\pi/2} \cos\theta \sin\theta \, d\theta \int_0^{2\pi} d\phi \qquad (3\cdot8)$$

となる．θ に関する積分は，$x = \cos\theta$ とおくと $dx = -\sin\theta \, d\theta$ だから，

$$\int_0^{\pi/2} \cos\theta \sin\theta \, d\theta = -\int_1^0 x \, dx = \int_0^1 x \, dx = \frac{1}{2} \qquad (3\cdot9)$$

と計算できる．また，ϕ に関する積分は 1 の積分であり，結果は 2π である．結局，分子と壁との衝突頻度 z を表す(3・8)式は，

$$z = \frac{\rho}{4\pi} \frac{1}{2} 2\pi \int_0^\infty v\Phi \, dv = \frac{\rho}{4} \langle v \rangle = \frac{\rho}{4} \left(\frac{8k_B T}{\pi m} \right)^{1/2} \qquad (3\cdot10)$$

となる．ここで，速さ v に確率 $\Phi \, dv$ を掛け算した積分は v の平均値 $\langle v \rangle$ のことだから，(3・2)式を代入した．

3・3 衝突頻度と圧力

1 bar（$= 1/1.013\,25 \approx 0.9869$ atm），300 K で，N_2 分子と壁との衝突頻度を具体的に計算してみよう．まずは数密度 ρ を計算する必要がある．N_2 分子が理想気体であると仮定すれば，次の状態方程式〔(1・14)式参照〕が成り立つ．

$$PV_m = RT \qquad (3\cdot11)$$

モル気体定数を $R = 0.083\,1446$ dm^3 bar K^{-1} mol^{-1}（表1・2）と近似すれば，$P = 1$ bar，$T = 300$ K を代入して，モル体積 V_m は，

$$V_m = 0.083\,1446 \times 300/1 \approx 24.943 \text{ dm}^3 \text{ mol}^{-1} = 0.024\,943 \text{ m}^3 \text{ mol}^{-1}$$
$$(3\cdot12)$$

となる．この中にアボガドロ定数 N_A（$\approx 6.022\,14 \times 10^{23}$ mol^{-1}）個の N_2 分子が入っているから，数密度 ρ は，

$$\rho = N_A/V_m \approx (6.022\,14 \times 10^{23})/0.024\,943 \approx 2.4143 \times 10^{25} \text{ m}^{-3} \quad (3\cdot13)$$

と計算できる．したがって，衝突頻度 z は(3・10)式より，

$$z \approx (2.4143 \times 10^{25}/4) \times \{8 \times 8.314\,46 \times 300/(3.1416 \times 0.028\,006)\}^{1/2}$$
$$\approx 2.875 \times 10^{27} \text{ s}^{-1} \text{ m}^{-2} \qquad (3\cdot14)$$

となる．ここで，N_2 分子のモル質量 $0.028\,006$ kg mol^{-1} とモル気体定数 R を用いた．結局，1 bar，300 K で，1 秒間に 2.875×10^{27} 個の N_2 分子が，1 m^2 の壁に衝突していることになる．

　§1・2では，分子が壁に垂直に衝突するときの運動量の変化量から，圧力を

求めた. しかし, 分子は垂直だけではなく, さまざまな角度から壁に衝突する. このような場合でも, 衝突頻度を用いると, 圧力を計算できる. 質量 m の分子が速さ v で, 壁に対する垂線からの傾き θ の角度で衝突すると考える (図3・5). そうすると, 分子が壁に与える運動量 (質量×速度) の垂直成分の変化量は $2mv\cos\theta$ となる. 分子はさまざまな角度で, さまざまな速度で壁に衝突するので, 圧力 P を求めるためには, 変化量 $2mv\cos\theta$ に衝突頻度の計算に使った(3・7)式を掛け算したあとで, v, θ, ϕ で積分すればよい. 圧力 P は,

$$P = 2m\frac{\rho}{4\pi}\int_0^\infty v^2\Phi\,\mathrm{d}v\int_0^{\pi/2}\cos^2\theta\sin\theta\,\mathrm{d}\theta\int_0^{2\pi}\mathrm{d}\phi \qquad (3\cdot15)$$

となる.

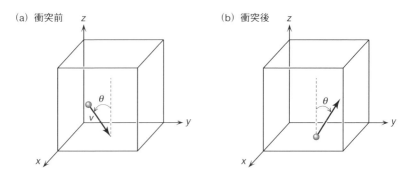

(a) 衝突前　　　　　　　　　　(b) 衝突後

図 3・5　1個の分子と一つの壁との衝突 (斜め方向)

θ に関する積分は, (3・9)式と同様に $x = \cos\theta$ とおくと,

$$\int_0^{\pi/2}\cos^2\theta\sin\theta\,\mathrm{d}\theta = -\int_1^0 x^2\,\mathrm{d}x = \int_0^1 x^2\,\mathrm{d}x = \frac{1}{3} \qquad (3\cdot16)$$

と計算できる. また, ϕ に関する積分は 2π だから, 結局, (3・15)式は,

$$P = \frac{m\rho}{3}\int_0^\infty v^2\Phi\,\mathrm{d}v \qquad (3\cdot17)$$

となる. また, v^2 に確率 $\Phi\,\mathrm{d}v$ を掛け算した積分は v^2 の平均値 $\langle v^2\rangle$ のことだから (§2・5参照), (3・17)式は,

$$P = \frac{m\rho}{3}\langle v^2\rangle \qquad (3\cdot18)$$

となる. ここで, 数密度 ρ は $N_\mathrm{A}/V_\mathrm{m}$ のことだから, 圧力 P は,

$$P = \frac{mN_A}{3V_m}\langle v^2 \rangle = \frac{2N_A}{3V_m}\frac{1}{2}m\langle v^2 \rangle = \frac{2}{3V_m}N_A\langle \varepsilon \rangle \qquad (3\cdot19)$$

となって，(1・11)式が得られる．

3・4　同じ種類の分子の衝突頻度

　今度は分子と壁との衝突ではなく，容器の中の分子どうしの衝突を考える．まずは，1個の分子 ① が x 軸方向に速さ v で移動し，単位時間に何個の静止した分子と衝突するかを考える（図3・6）．なお，すべての分子は直径が a の剛体球であると仮定する．分子 ② のように，もしも，x 軸から分子の中心（球の中の黒い点）までの距離 r が，分子 ① の直径 a よりも近ければ，分子 ① は分子 ② に衝突する．一方，分子 ③ のように，もしも，x 軸から分子の中心までの距離 r が，直径 a よりも遠ければ衝突しない．分子 ① は時間 dt 内に距離 $v\,dt$ だけ移動するから，結局，図3・6の円柱の中に中心がある分子と，次々に衝突する．円柱の底面積は半径 a の円の面積だから πa^2 であり，高さは $v\,dt$ であり，円柱の体積は $\pi a^2 v\,dt$ となる．半径 a の円板が円柱の中を速さ v で移動して，円柱の中に中心（黒い点）がある分子と，次々に衝突するとイメージすればよい．

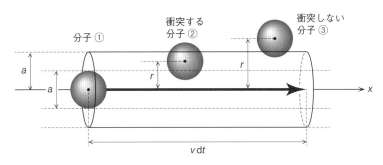

図 3・6　同じ種類の分子どうしが衝突する領域

　円板の面積 πa^2 を衝突断面積といい，記号では σ（シグマ）で表すことが多い．円板の半径 a を衝突直径といい，同じ種類の分子どうしの衝突では，分子の直径に等しい．分子の直径が大きくなれば衝突断面積も大きくなる．たとえば，He 原子の衝突断面積は $0.14\,\mathrm{nm}^2$（$= 0.14\times10^{-18}\,\mathrm{m}^2$）であるが，Ar 原子の衝突断面積は $0.43\,\mathrm{nm}^2$ である．また，H_2 分子の衝突断面積は $0.23\,\mathrm{nm}^2$ であるが，N_2 分子の衝突断面積は $0.45\,\mathrm{nm}^2$ である．

　円柱の中に存在する分子数 dN は円柱の体積 $\sigma v\,dt$ に数密度 ρ を掛け算すれば求められる.

$$dN = \rho\sigma v\,dt \tag{3・20}$$

分子 ① の速さ v はさまざまであって, 一定ではない. つまり, 図3・6の円柱の体積は v に依存して, 長くなったり短くなったりする. そこで, 衝突頻度 z の計算では, v の平均値 $\langle v \rangle$ を用いることにする. 衝突頻度 z は単位時間あたりに衝突する分子の数だから,

$$z = \frac{dN}{dt} = \rho\sigma\langle v \rangle \tag{3・21}$$

と表すことができる. $\langle v \rangle$ は(3・2)式で与えられているので, (3・21)式に代入すると, 1個の分子の衝突頻度 z は次のようになる.

$$z = \rho\sigma\left(\frac{8k_\mathrm{B}T}{\pi m}\right)^{1/2} \tag{3・22}$$

　実際には, 衝突される分子のほとんどは静止していない. 運動している分子どうしが衝突する場合には, 相対運動を考える必要がある. II巻では二原子分子の原子核の相対運動について説明した. たとえば, 原子核の質量が m_A と m_B の二原子分子の回転運動も振動運動も, 質量が換算質量 μ の1個の粒子の運動として扱うことができる (II巻1章, 4章). 換算質量の定義は,

$$\mu = \frac{m_\mathrm{A}m_\mathrm{B}}{m_\mathrm{A}+m_\mathrm{B}} \tag{3・23}$$

である. 分子間の衝突を相対運動で考えるならば, (3・22)式の m を換算質量 μ に置き換えて, 衝突頻度 z は,

$$z = \rho\sigma\left(\frac{8k_\mathrm{B}T}{\pi\mu}\right)^{1/2} \tag{3・24}$$

となる. 衝突する分子も衝突される分子も同じ種類の分子ならば, $m_\mathrm{A}=m_\mathrm{B}=m$ だから, 換算質量 μ は次のようになる.

$$\mu = m/2 \tag{3・25}$$

(3・25)式を(3・24)式に代入すれば, 相対運動を考えた衝突頻度 z は,

$$z = 4\rho\sigma\left(\frac{k_\mathrm{B}T}{\pi m}\right)^{1/2} \tag{3・26}$$

となる. また, 相対運動を考えると, (3・21)式は次のようになる.

$$z = 2^{1/2}\rho\sigma\langle v \rangle \tag{3・27}$$

　たとえば，1 bar，300 K で，N_2 分子どうしの衝突頻度 z を具体的に計算してみよう．すでに §3・3 で計算したように，数密度 ρ は $2.4143 \times 10^{25}\,m^{-3}$ である〔(3・13)式〕．また，衝突断面積 σ は $0.45\,nm^2$ であり，平均の速さ $\langle v \rangle$ は 476 $m\,s^{-1}$ である（表2・1）．そうすると，N_2 分子どうしの衝突頻度 z は，

$$z = 2^{1/2} \times (2.4143 \times 10^{25}\,m^{-3}) \times (0.45 \times 10^{-18}\,m^2) \times (476\,m\,s^{-1})$$
$$\approx 7.30 \times 10^9\,s^{-1} \tag{3・28}$$

と計算できる．つまり，1 bar，300 K で，1秒間に 7.30×10^9 回も衝突する．1回の衝突にかかる時間は衝突頻度の逆数である．N_2 分子の場合には，(3・28)式の逆数をとって，およそ $1.4 \times 10^{-10}\,s$ となる．

　分子が他の分子と衝突するまでの平均距離を平均自由行程という．平均自由行程は，分子の平均の速さに，衝突するまでにかかる平均時間を掛け算すればよい．つまり，衝突頻度で割り算すればよい．したがって，平均自由行程 b は，

$$b = \frac{\langle v \rangle}{z} = \frac{\langle v \rangle}{2^{1/2} \rho \sigma \langle v \rangle} = \frac{1}{2^{1/2} \rho \sigma} \tag{3・29}$$

となる．数密度 ρ が大きいと，あるいは，衝突直径（分子の直径）a が大きいと，すぐに他の分子と衝突してしまう（b が小さくなる）という意味である．また，理想気体の状態方程式（$PV_m = RT$）を使うと，

$$\rho = \frac{N_A}{V_m} = \frac{N_A P}{RT} = \frac{P}{k_B T} \tag{3・30}$$

だから，平均自由行程 b は次のように表される．

$$b = \frac{k_B T}{2^{1/2} P \sigma} \tag{3・31}$$

圧力が同じ温度で低くなったり，温度が同じ圧力で高くなったりすると，平均自由行程 b は長くなる．逆に，衝突頻度 z は減る（章末問題3・7と3・8）．

　これまでは1個の分子の衝突頻度 z の説明をした．これを分子衝突頻度，あるいは，衝突頻度因子という．複数の分子を含む系全体では，いたるところで分子どうしが衝突する．そこで，系全体の単位時間，単位体積あたりの衝突頻度を全衝突頻度とよび，記号 Z で表すことにする．単位体積あたりの分子数は数密度 ρ のことだから，分子衝突頻度 z に数密度 ρ を掛け算すれば，全衝突頻度 Z を求めることができる．

$$Z = \rho z / 2 \tag{3・32}$$

となる．2で割り算した理由は，2個の分子で1回の衝突になるからである．

(3・32)式に(3・26)式を代入すれば，全衝突頻度 Z が得られる．

$$Z = 2\rho^2 \sigma \left(\frac{k_B T}{\pi m} \right)^{1/2} \qquad (3 \cdot 33)$$

3・5 異なる種類の分子の衝突頻度

　これまでは，同じ種類の分子の衝突を考えてきた．異なる種類の分子の衝突では，全衝突頻度はどのようになるだろうか．たとえば，大気中では，N_2 分子どうしの衝突だけではなく，N_2 分子と O_2 分子の衝突もある．まずは，分子 A と分子 B の 2 種類の分子の衝突に関する分子衝突頻度を求める．図3・6を参考にすれば，2種類の分子の衝突も同様に考えることができる（図3・7）．違いは衝突される分子が存在する円柱の半径（衝突直径）である．

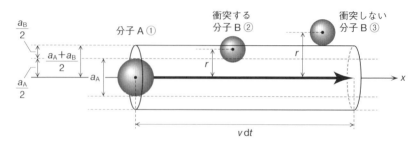

図 3・7　分子 A が分子 B に衝突する領域

　分子 A（分子 ①）の直径を a_A，分子 B の直径を a_B とする．まずは，1 個の分子 A が分子 B に衝突すると仮定する．図3・7に示した円柱の半径は $(a_A + a_B)/2$ だから，衝突断面積は，

$$\sigma_{AB} = \frac{\pi}{4} (a_A + a_B)^2 \qquad (3 \cdot 34)$$

となる．σ の下付きの添え字 AB は，2 種類の分子の衝突断面積であることを表す．また，分子 B の数密度を ρ_B とすると，円柱に含まれる分子 B の数は，ρ_B に円柱の体積 $\sigma_{AB} v \, dt$ を掛け算して，$\rho_B \sigma_{AB} v \, dt$ である．そうすると，1 個の分子 A が分子 B に衝突する分子衝突頻度 z_A は，(3・24)式を参考にして，

$$z_A = \rho_B \sigma_{AB} \left(\frac{8 k_B T}{\pi \mu} \right)^{1/2} \qquad (3 \cdot 35)$$

となる．したがって，すべての分子 A が分子 B に衝突する系全体の全衝突頻度
Z_{AB} は，分子 A の数密度 ρ_A に分子衝突頻度 z_A を掛け算して，

$$Z_{AB} = \rho_A \rho_B \sigma_{AB} \left(\frac{8k_B T}{\pi \mu} \right)^{1/2} \tag{3・36}$$

となる．同じ種類の分子では，どの 2 個の分子が衝突しても同じなので，(3・
32)式では 2 で割り算した*．しかし，2 種類の分子の全衝突頻度を表す(3・36)
式では，必ず異なる分子どうしが衝突する必要があるので，2 で割り算しない．

章末問題

3・1 分子と壁との衝突頻度を表す(3・10)式を，圧力 P を含む式で表せ．

3・2 1 bar，300 K で，N_2 分子と壁との衝突頻度を，前問の解答の式を使っ
て計算せよ．アボガドロ定数 N_A を $6.0221 \times 10^{23}\,mol^{-1}$，ボルツマン定数 k_B を
$1.3806 \times 10^{-23}\,J\,K^{-1}$，N 原子のモル質量を $14.003\,g\,mol^{-1}$ とする．得られた値
が(3・14)式と一致することを確認せよ．

3・3 1 bar，300 K で，O_2 分子の壁との衝突頻度を N_2 分子と比較せよ．

3・4 1 bar，300 K で，一辺が 1 nm の正方形の壁に向かって，1 秒間に何個の
N_2 分子が衝突するか．(3・14)式の結果を用いてよい．

3・5 N_2 分子の衝突断面積（$0.45\,nm^2$）から，N_2 分子の衝突直径を計算せよ．

3・6 分子どうしの衝突頻度を表す(3・26)式を，圧力 P を含む式で表せ．

3・7 N_2 分子どうしが 0.5 bar，300 K で衝突する分子衝突頻度 z は，1 bar，300
K の場合の何倍か．

3・8 N_2 分子どうしが 1 bar，600 K で衝突する分子衝突頻度 z は，1 bar，300
K の場合の何倍か．

3・9 1 bar，300 K で N_2 分子の平均自由行程を求めよ．ただし，ボルツマン
定数 k_B を $1.3806 \times 10^{-23}\,J\,K^{-1}$，衝突断面積を $0.45\,nm^2$ とする．

3・10 温度 T，圧力 P で，体積比が 80% の窒素と 20% の酸素が容器に入って
いる．N_2 分子と O_2 分子が衝突する全衝突頻度を表す式を求めよ．ただし，N_2
分子と O_2 分子の衝突直径を a_{N_2} と a_{O_2}，それぞれの質量を m_{N_2} と m_{O_2} とする．

---

  * 教室に男子 10 人と女子 10 人がいて，男女で手をつなぐと 10 組できるが，男子どうし，ある
    いは女子どうしで手をつなぐと半分の 5 組になる．

4

単原子分子の分配関数

分子はさまざまなエネルギーの状態になる．ここでは確率の概念を使って，並進エネルギーの分子分配関数を求める．また，N 個の分子の系全体の分配関数が，分子分配関数の積を $N!$ で割り算した関数になることを示す．分配関数は温度の関数であり，分配関数の自然対数の温度依存性から，並進エネルギーの平均値を求めることができる．

4・1 確率と平均値

　1章では，平衡状態での温度が，運動エネルギーの総和あるいは平均値に比例することを示した．また，2章では，マクスウェルの速度分布則を古典力学で求め，速さの平均値や運動エネルギーの平均値を確率から求めた．ここでは，量子論で求めた運動エネルギーを使って，分配関数を計算する．分配関数を使うと，分子集団のさまざまな物理量を導くことができて便利である．

　分配関数の説明をする前に，まずは，さいころを使って確率について簡単に復習し，分配関数で使われる言葉を定義する．とりあえず，1個のさいころを振ったとする．出る目の数（次節以降ではエネルギーに対応する）を ε とすると，ε は 1～6 の整数のどれかである．出る目の数が i の場合を ε_i と書くことにしよう（図 4・1）．また，1の目が出る状態の数を a_1，2の目が出る状態の数を a_2，…，6の目の出る状態の数を a_6 と名づけることにする．細工のしていないさいころの場合には，$a_1 = a_2 = \cdots = a_6 = 1$ である（次節以降ではエネルギーに依存する）．そして，すべての状態の数の合計を q で表す（次節以降では分子

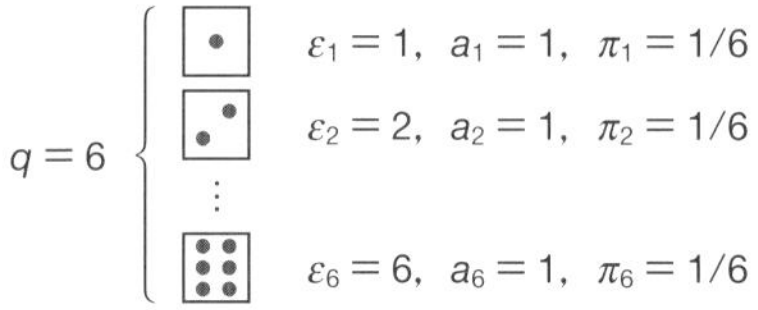

$$q = 6 \begin{cases} \boxed{\,\cdot\,} & \varepsilon_1 = 1, \ a_1 = 1, \ \pi_1 = 1/6 \\ \boxed{\,\because\,} & \varepsilon_2 = 2, \ a_2 = 1, \ \pi_2 = 1/6 \\ \vdots & \\ \boxed{\,\vdots\vdots\,} & \varepsilon_6 = 6, \ a_6 = 1, \ \pi_6 = 1/6 \end{cases}$$

図 4・1　さいころを振ったときの q，ε_i，a_i，π_i

分配関数とよぶ）. q を式で表せば,

$$q = \sum_i a_i \qquad (4 \cdot 1)$$

であり, さいころの場合には $q = 6$ である. また, 1個のさいころを何回も繰返し振ったときに, ε_i が出る確率を π_i とすれば,

$$\pi_i = \frac{a_i}{\sum_i a_i} = \frac{a_i}{q} \qquad (4 \cdot 2)$$

となる. 細工のしていないさいころならば, すべての a_i が1で, q が6だから, すべての確率は $\pi_1 = \pi_2 = \cdots = \pi_6 = 1/6$ である.

　さいころを振ったときに出る目の平均値（期待値）$\langle \varepsilon \rangle$ は, 出る目の数 ε_i に確率 π_i を掛け算して, 総和をとればよいから,

$$\langle \varepsilon \rangle = \sum_i \varepsilon_i \pi_i = \sum_i \varepsilon_i \frac{a_i}{q} \qquad (4 \cdot 3)$$

となる. さいころを振ったときの平均値は, 次のように計算できる.

$$\langle \varepsilon \rangle = 1 \times \frac{1}{6} + 2 \times \frac{1}{6} + 3 \times \frac{1}{6} + 4 \times \frac{1}{6} + 5 \times \frac{1}{6} + 6 \times \frac{1}{6} = 3.5 \qquad (4 \cdot 4)$$

4・2 分配関数とエネルギーの平均値

　1辺が ℓ の立方体の容器の中で, 1個の単原子分子が運動しているとする. とりあえず, x 軸方向の運動だけを考える. 一般に, 量子論で粒子のエネルギーを求めるためには, 波動方程式を立て, その方程式を解いて, エネルギー固有値を求める（I巻参照）. ポテンシャルエネルギーを考えずに, 自由に並進運動* する粒子の波動方程式は, 共役二重結合の π 電子の運動で説明したように,

$$-\frac{h^2}{8\pi^2 m} \frac{\mathrm{d}^2}{\mathrm{d}x^2} \psi(x) = \varepsilon \psi(x) \qquad (4 \cdot 5)$$

で与えられる〔I巻(20・23)式〕. ここで, h はプランク定数（表1・2）, m は粒子の質量, ε は粒子のエネルギー固有値, ψ は波動関数である. 分子の並進運動の場合には, m は分子の質量である. 2階の微分方程式(4・5) を解くと, 並進運動のエネルギー固有値（以降, 並進エネルギーとよぶ）を求めることが

＊　§1・1の脚注で説明したように, 分子の原子核の運動としては並進運動, 回転運動, 振動運動がある（II巻1章）. 単原子分子では並進運動のみを考えればよい.

でき,

$$\varepsilon_i = \frac{h^2}{8m\ell^2} n_x^{\,2} \qquad (4\cdot6)$$

となる〔I巻(20・30)式〕. ここで, n_x は量子数であり, 1, 2, 3, … の正の整数である. 容器の一辺の長さ ℓ が並進運動の境界条件となり, その結果, 量子数 n_x が現れて, 並進エネルギーがとびとびの値となる. なお, 添え字が複雑になることを避けるために, 量子数が n_x のときの並進エネルギーを ε_{n_x} ではなく, ε_i で表すことにする. ε_i は i 番目のエネルギーと考えてよい.

　さいころでは ε_i は 1〜6 の 6 種類しかなかったが, 分子の並進エネルギー ε_i では量子数 n_x が 1〜∞ なので, 無数の種類が可能である. また, 細工のしていないさいころでは, 出る目の数が ε_i となる状態の数 a_i はすべて同じ 1 (基準) と考えたが, 分子の並進エネルギーでは, a_i はエネルギーに依存する (エネルギーが高いほど, 確率が減るという意味). ボルツマン分布則 (II巻§2・4参照) を参考にして, 並進エネルギーが ε_i の状態の数 a_i を次のように定義する.

$$a_i = \exp\!\left(-\frac{\varepsilon_i}{k_{\mathrm{B}}T}\right) \qquad (4\cdot7)$$

ここで, T は熱力学温度, k_{B} はボルツマン定数である. 状態の数 a_i は(2・4)式で, 最もエネルギーの低い状態の分子数 N_0 を基準の 1 と定義した相対的な分子数 N_1 に対応すると考えればよい. つまり, $\varepsilon_i = 0$ ならば, $a_i = 1$ である. そうすると, (4・1)式に対応する状態の数の総和 q は,

$$q = \sum_i a_i = \sum_i \exp\!\left(-\frac{\varepsilon_i}{k_{\mathrm{B}}T}\right) \qquad (4\cdot8)$$

となる. q を分子分配関数という. もしも, 温度 T が無限大ならば, 細工のしていないさいころと同様に, すべての a_i は 1 になる. どの並進エネルギーの状態の数 (確率) も, 差がなくなるという意味である.

　(4・7)式を(4・3)式に代入すると, 分子の並進エネルギーの平均値 $\langle\varepsilon\rangle$ は次のように表される.

$$\langle\varepsilon\rangle = \sum_i \frac{\varepsilon_i \exp(-\varepsilon_i/k_{\mathrm{B}}T)}{q} \qquad (4\cdot9)$$

一方, (4・8)式で表される分子分配関数 q の自然対数を考えて, 温度 T で偏微分すると,

$$\frac{\partial(\ln q)}{\partial T} = \frac{1}{q}\frac{\partial q}{\partial T} = \frac{1}{k_{\mathrm{B}}T^2}\sum_i \frac{\varepsilon_i\exp(-\varepsilon_i/k_{\mathrm{B}}T)}{q} \qquad (4\cdot10)$$

となる[*1]. したがって,(4・10)式を(4・9)式に代入すると,並進エネルギーの平均値 $\langle\varepsilon\rangle$ は,

$$\langle\varepsilon\rangle = k_{\mathrm{B}}T^2\frac{\partial(\ln q)}{\partial T} \qquad (4\cdot11)$$

と表すことができる.

4・3　並進運動の分子分配関数

　分子分配関数を使って,並進エネルギーの平均値を具体的に求めてみよう. 分子は実際には3次元空間で運動している. 3次元空間では,x軸方向もy軸方向もz軸方向も等方的だから,それぞれの方向に関して,(4・6)式と同じ式が成り立つと考えられる. ただし,それぞれの方向について,異なる量子数 n_x, n_y, n_z を考える必要があるから,並進エネルギー $\varepsilon_{並進(i)}$ は,

$$\begin{aligned}
\varepsilon_{並進(i)} &= \frac{h^2}{8m\ell^2}n_x{}^2 + \frac{h^2}{8m\ell^2}n_y{}^2 + \frac{h^2}{8m\ell^2}n_z{}^2 \\
&= \frac{h^2}{8m\ell^2}(n_x{}^2 + n_y{}^2 + n_z{}^2)
\end{aligned} \qquad (4\cdot12)$$

となる(次章以降のために,添え字の"並進"をつける). これを(4・8)式に代入すると,並進運動に関する分子分配関数 $q_{並進}$ は,

$$\begin{aligned}
q_{並進} &= \sum_{n_x,n_y,n_z}\exp\left\{-\frac{h^2}{8m\ell^2k_{\mathrm{B}}T}(n_x{}^2+n_y{}^2+n_z{}^2)\right\} \\
&= \sum_{n_x}\exp\left(-\frac{h^2}{8m\ell^2k_{\mathrm{B}}T}n_x{}^2\right)\sum_{n_y}\exp\left(-\frac{h^2}{8m\ell^2k_{\mathrm{B}}T}n_y{}^2\right)\sum_{n_z}\exp\left(-\frac{h^2}{8m\ell^2k_{\mathrm{B}}T}n_z{}^2\right)
\end{aligned}$$
$$(4\cdot13)$$

となる[*2]. x軸方向もy軸方向もz軸方向も等方的であり,どの方向に関しても同じ関数になると考えられる. そこで,$n_x = n_y = n_z = n$ とおくと,(4・13)式は,

---

　*1　分子分配関数 q は温度 T だけの関数ではなく ε_i の関数であり,ε_i は体積 V などの関数でもあるので〔(4・17)式参照〕,微分ではなく偏微分とした. なお,関数 $f(x)$ の自然対数 $\ln f(x)$ の x に関する微分は $\mathrm{d}\{\ln f(x)\}/\mathrm{d}x = \{1/f(x)\}\{\mathrm{d}f(x)/\mathrm{d}x\}$ となる. また,$-\varepsilon_i/k_{\mathrm{B}}T$ は $(-\varepsilon_i/k_{\mathrm{B}})T^{-1}$ と表すことができ,その温度に関する偏微分は $(\varepsilon_i/k_{\mathrm{B}})T^{-2} = \varepsilon_i/k_{\mathrm{B}}T^2$ である.

　*2　和の指数関数は指数関数の積になる $\exp(x+y) = \exp x \times \exp y$. また,積の指数関数は指数関数の和になる $\exp(xy) = \exp x + \exp y$.

$$q_{並進} = \left\{\sum_n \exp\left(-\frac{h^2}{8m\,\ell^2 k_B T} n^2\right)\right\}^3 \tag{4・14}$$

と表すことができる.

　並進エネルギー準位の間隔はかなり狭い. たとえば, I 巻 20 章で説明したブタジエンの π 電子と, 容器の中の He 原子の並進エネルギーを比べてみよう. He 原子の質量は電子の質量の約 7000 倍である. また, He 原子が容器の中で自由に運動する距離 ℓ を 0.3 m とすると, π 電子が自由に運動するブタジエンの分子の長さ $(0.6 \times 10^{-9}\,\mathrm{m})$ の約 5×10^8 倍である. $(4・6)$式からわかるように, 並進エネルギーは質量および自由に運動する距離の 2 乗に反比例するから, He 原子の並進エネルギーとエネルギー準位の間隔は, ブタジエンの π 電子の約 6×10^{22} 分の 1 になる. つまり, 並進エネルギーは連続であると近似できる. その場合, $(4・14)$式の量子数 n に関する総和を積分で置き換えることができて,

$$q_{並進} = \left\{\int_0^\infty \exp\left(-\frac{h^2}{8m\,\ell^2 k_B T} n^2\right) \mathrm{d}n\right\}^3 \tag{4・15}$$

となる. ここで, 積分に関する公式$(2・8)$から, 次の公式を導くことができる.

$$\int_0^\infty \exp(-\alpha x^2)\,\mathrm{d}x = \frac{1}{2}\int_{-\infty}^\infty \exp(-\alpha x^2)\,\mathrm{d}x = \frac{1}{2}\left(\frac{\pi}{\alpha}\right)^{1/2} \tag{4・16}$$

$(2・8)$式の関数は原点 $(x = 0)$ に対して左右対称なので, $-\infty \sim 0$ の範囲の積分と $0 \sim \infty$ の範囲の積分が同じ値になることを利用した. $(4・16)$式で, $x = n$, $\alpha = h^2/8m\,\ell^2 k_B T$ とおけば, $(4・15)$式は,

$$q_{並進} = \left(\frac{\pi 8m\,\ell^2 k_B T}{4h^2}\right)^{3/2} = \left(\frac{2\pi m k_B T}{h^2}\right)^{3/2} V \tag{4・17}$$

となる. ここで, $\ell^3 = V$ とおいた $(1\,\mathrm{mol}$ ならば V_m である$)$. これが単原子分子の並進運動に関する分子分配関数である.

　$(4・17)$式の分子分配関数の自然対数を求めると, 次のようになる (前ページの脚注 2 を参照).

$$\ln q_{並進} = \frac{3}{2}\ln\left(\frac{2\pi m k_B}{h^2}\right) + \frac{3}{2}\ln T + \ln V \tag{4・18}$$

両辺を T で偏微分すると, 右辺は第 2 項のみが温度の関数だから,

$$\frac{\partial(\ln q_{並進})}{\partial T} = \frac{3}{2T} \tag{4・19}$$

が得られる. $(4・19)$式を$(4・11)$式に代入すれば, 分子の並進エネルギーの平

均値 $\langle \varepsilon_{並進} \rangle$ は,

$$\langle \varepsilon_{並進} \rangle = k_{\mathrm{B}} T^2 \frac{3}{2T} = \frac{3}{2} k_{\mathrm{B}} T \tag{4・20}$$

となる. つまり, 分子分配関数を使っても, (1・21)式あるいは(2・35)式と同じ式が得られる. なお, (4・17)式の分子分配関数 $q_{並進}$ や(4・12)式の並進エネルギー $\varepsilon_{並進(i)}$ は分子の質量に依存するが, 同じ平衡状態では, 並進エネルギーの平均値 $\langle \varepsilon_{並進} \rangle$ は質量(分子の種類)に依存しない.

4・4 電子運動の分子分配関数

実をいうと, 単原子分子の運動エネルギーは原子核の並進運動によるものだけではない. 分子には原子核のほかに電子が含まれていて運動している. したがって, 電子の運動エネルギー(以降, 電子エネルギーとよぶ)も考慮しなければならない. 厳密にいえば, 単原子分子の運動エネルギー $\varepsilon_{全(i)}$ は, 並進エネルギー $\varepsilon_{並進(i)}$ と電子エネルギー $\varepsilon_{電子(i)}$ を足し算して,

$$\varepsilon_{全(i)} = \varepsilon_{並進(i)} + \varepsilon_{電子(i)} \tag{4・21}$$

となる. そうすると, 分子分配関数は(4・21)式を(4・8)式に代入して,

$$
\begin{aligned}
q_{全} &= \sum_i a_i = \sum_i \exp\left(-\frac{\varepsilon_{並進(i)} + \varepsilon_{電子(i)}}{k_{\mathrm{B}} T}\right) \\
&= \sum_i \exp\left(-\frac{\varepsilon_{並進(i)}}{k_{\mathrm{B}} T}\right) \sum_i \exp\left(-\frac{\varepsilon_{電子(i)}}{k_{\mathrm{B}} T}\right) = q_{並進} q_{電子}
\end{aligned}
\tag{4・22}
$$

となって, 並進運動の分子分配関数 $q_{並進}$ と電子運動の分子分配関数 $q_{電子}$ の積で表されることがわかる.

しかし, 前節で説明したように(I巻, II巻も参照), 電子エネルギー準位の間隔(電子基底状態と電子励起状態のエネルギー差)は, 並進エネルギー準位の間隔に比べてかなり広い. つまり, 単原子分子はほとんど電子基底状態であり, 電子励起状態になることは皆無であると考えられる. したがって, 電子基底状態に関する状態の数を a_1, 電子励起状態(複数ある)に関する状態の数を $a_2, a_3, \cdots$ とすれば, $a_1 = 1$, $a_2 = a_3 = \cdots = 0$ と近似できる. 結局, 電子運動の分子分配関数は $q_{電子} = 1$ と考えることができる. ただし, 電子運動の分子分配関数では, 電子のスピン角運動量に関するスピン多重度を縮重度として考慮する必要がある(I巻9章参照). 縮重度が増えるということは, 状態の数が増えるということである. 電子のスピン角運動量の量子数を S とすれば, スピン多

重度は $2S+1$ で表される[*1]．たとえば，H原子は1個の電子を含み，電子のスピン角運動量の量子数は $1/2$ だから，スピン多重度は2である（二重項という）．したがって，H原子の電子運動の分子分配関数は $q_{電子}=2\times a_1=2$ となる．スピン多重度（縮重度）を $g_{電子}$ と定義すると，一般に，電子運動の分子分配関数 $q_{電子}$ は次のように表される．

$$q_{電子} = g_{電子} \tag{4・23}$$

　一方，He原子には2個の電子が含まれる．この場合にはパウリの排他原理という制限があって（I巻§9・2），2個の電子のスピン角運動量が打消し合って $S=0$ となる．したがって，He原子のスピン多重度は $2S+1=1$ である（一重項という）．そうすると，He原子の電子運動の分子分配関数は $q_{電子}=1$ となる．貴ガス[*2]のように，安定な単原子分子（ラジカルでないという意味）の電子基底状態は一重項だから，$q_{電子}=g_{電子}=1$ となる．この場合には，電子運動の分子分配関数を考える必要はなく，分子全体の分子分配関数 $q_{全}$ は，

$$q_{全} = q_{並進} \tag{4・24}$$

となる．そのほかの原子のスピン多重度については，I巻10章を参照．

4・5　N 個の分子からなる系全体の分配関数

　N 個の分子の並進エネルギーの総和に関する平均値は，(4・20)式を N 倍すれば求めることができる．ここでは，N 個の分子からなる系全体の分配関数を使って求めてみよう．まずは，すべての分子が区別できると仮定する．系全体の並進エネルギー E_j は，それぞれの分子の並進エネルギーの総和だから（この節では添え字の"並進"を省略する），

$$E_j = \varepsilon_{i(A)} + \varepsilon_{i(B)} + \varepsilon_{i(C)} + \cdots + \varepsilon_{i(N)} \tag{4・25}$$

となる．$\varepsilon_{i(A)}$, $\varepsilon_{i(B)}$, $\varepsilon_{i(C)}\cdots$ は N 個の分子のそれぞれの並進エネルギーを表し，0 から ∞ のいずれかである．系全体のエネルギーの総和が E_j になる状態の数 a_j は，(4・7)式と同様に次のように表される．

$$a_j = \exp\left(-\frac{E_j}{k_B T}\right) \tag{4・26}$$

[*1]　スピン角運動量の量子数 S に付随して，磁気量子数 M_S を考える必要がある．磁気量子数 M_S には $M_S=-S,\ -S+1,\ \cdots,\ S-1,\ S$ という条件があり，$2S+1$ 種類の波動関数が同じ固有値になり，縮重している．これをスピン多重度という．詳しくは I 巻 9 章参照．

[*2]　貴ガスのことを以前は希ガス（rare gas）とよんだ．現在では国際的に noble gas とよばれているので，この教科書では貴ガスとよぶ．

したがって，系全体の分配関数 Q は，

$$Q = \sum_j a_j = \sum_j \exp\left(-\frac{E_j}{k_B T}\right) \tag{4・27}$$

となる．さらに，(4・27)式の E_j に(4・25)式を代入すると，系全体の分配関数 Q は，

$$\begin{aligned}
Q &= \sum_j \exp\left\{-\frac{(\varepsilon_{i(A)}+\varepsilon_{i(B)}+\cdots+\varepsilon_{i(N)})_j}{k_B T}\right\} \\
&= \sum_j \exp\left(-\frac{\varepsilon_{i(A)}}{k_B T}\right)_j \sum_j \exp\left(-\frac{\varepsilon_{i(B)}}{k_B T}\right)_j \cdots \sum_j \exp\left(-\frac{\varepsilon_{i(N)}}{k_B T}\right)_j
\end{aligned} \tag{4・28}$$

となる．たとえば，$\exp(-\varepsilon_{i(A)}/k_B T)_j$ は，系全体のエネルギーの総和が E_j のときに，分子 A のエネルギーが ε_i である状態の数を表す．

　ここで注意しなければならないことは，系全体のエネルギーの総和が E_j のときに，それぞれの分子がとるエネルギー ε_i には，さまざまな可能性があるということである*．あらゆる E_j の可能性を考える（j について総和 $\sum\limits_j$ を考える）ことは，あらゆる ε_i の可能性を考える（i について総和 $\sum\limits_i$ を考える）ことと同じである．つまり，

$$\sum_j \exp\left(-\frac{\varepsilon_{i(A)}}{k_B T}\right)_j = \sum_i \exp\left(-\frac{\varepsilon_{i(A)}}{k_B T}\right) = q \tag{4・29}$$

と置き換えることができる〔(4・8)式参照〕．また，分子によって分子分配関数 q に差があるわけではないので，(4・28)式は分子分配関数 q を使って，

$$Q = q \times q \times \cdots \times q = q^N \tag{4・30}$$

と書ける．

　(4・30)式は，すべての分子が区別できると仮定したときの式である．しかし，実際には，分子 A, B, … は区別できない．説明を簡単にするために，すべての分子は並進エネルギー ε_1 と ε_2 の2種類のいずれかだけをとることができるとする．また，1個の分子の並進エネルギーだけが ε_2 で，そのほかの分子の並進エネルギーは ε_1 とする．つまり，並進エネルギーの総和は $(N-1)\varepsilon_1+\varepsilon_2$ である．すべての分子が区別できるとすると，図4・2のそれぞれの行で表さ

＊　たとえば，分子が2個で，$E_j = 3$ の場合，0+3, 1+2, 2+1, 3+0… など，それぞれの ε_i は 0, 1, 2, 3 の可能性がある．すべての j の可能性（0～∞）を考えることは，すべての i の可能性（0～∞）を考えることと同じ．

	分子A	分子B	分子C	……	分子N
	ε_2	ε_1	ε_1	……	ε_1
	ε_1	ε_2	ε_1	……	ε_1
N通り	ε_1	ε_1	ε_2	……	ε_1
	⋮	⋮	⋮		⋮
	ε_1	ε_1	ε_1	……	ε_2

図 4・2 $E = (N-1)\varepsilon_1 + \varepsilon_2$ となる組合わせ (区別できる分子)

れる N 通りの組合わせを区別することが可能である。しかし，すべての分子が区別できないとすると，図4・2のすべての行の組合わせは，すべてが同じ状態を表す。さらに，それぞれの行の $N-1$ 個の ε_1 を交換しても区別できないので，区別できない $(N-1)!$ 個の状態がそれぞれの行にあることになる*。N 個の行のそれぞれに区別できない $(N-1)!$ 個の状態があるから，区別できない状態は全部で $N \times (N-1)! = N!$ 通りとなる。したがって，本来の系全体の分配関数 Q を求めるためには，(4・30)式を $N!$ で割り算する必要がある。

$$Q = \frac{q^N}{N!} \tag{4・31}$$

(4・31)式の自然対数をとると，次のようになる。

$$\ln Q = N \ln q - \ln(N!) \tag{4・32}$$

両辺を温度 T で偏微分すると，右辺の第2項は温度 T に関係しないので，

$$\frac{\partial(\ln Q)}{\partial T} = N\frac{\partial(\ln q)}{\partial T} = N\frac{3}{2T} \tag{4・33}$$

となる〔(4・19)式参照〕。そうすると，系全体のエネルギーの平均値 $\langle E \rangle$ は，

$$\langle E \rangle = k_B T^2 \frac{\partial(\ln Q)}{\partial T} = k_B T^2 \times N\frac{3}{2T} = \frac{3}{2}Nk_B T \tag{4・34}$$

となる。(4・20)式と比べれば，1個の分子の分子分配関数 q から求めたエネルギーの平均値 $(3/2)k_B T$ の N 倍になることがわかる。分子の数がアボガドロ定数 N_A 個ならば，

---

* A，B，Cを順番に並べると，ABC，ACB，BAC，BCA，CAB，CBAの6種類が可能である。どのように計算するかというと，最初におく文字の可能性は3種類，2番目におく文字の可能性は最初の文字を除くので2種類，最後におく文字は最初と2番目の文字を除くので，自動的に決まって1種類。これらを掛け算すると，3×2×1＝3!＝6と計算できる。A，B，Cが区別できないとすると，6種類を1種類と数えることになる。つまり，3!で割り算する必要がある。

$$\langle E \rangle = \frac{3}{2} N_A k_B T = \frac{3}{2} RT \qquad (4 \cdot 35)$$

となる．なお，分子が区別できないことを考慮して，(4・30)式の系全体の分配関数 Q を $N!$ で割り算したが，(4・34)式の $\langle E \rangle$ では $N!$ は関係しない．

章 末 問 題

4・1　偶数が奇数よりも 2 倍出やすい特殊なさいころを考える．それぞれの目の出る a_i と q と π_i を求めよ．

4・2　前問で，さいころを振った場合に出る目の平均値を求めよ．

4・3　$\exp(x^2+y^2+z^2)$ の自然対数をとると，どのような式になるか．また，その式を x で偏微分すると，どのような式になるか．

4・4　ε_1 と ε_3 のエネルギー差が ε_1 と ε_2 のエネルギー差 $\Delta\varepsilon$ の 2 倍とする．a_2 と a_3 の比はどのような式で表されるか．

4・5　$\cos\theta$ の自然対数の θ に関する微分を求めよ．

4・6　$\beta = 1/k_B T$ とおくと，(4・8)式の分子分配関数 q は，どのような式になるか．また，q の自然対数を β で偏微分すると，どのような式が得られるか．

4・7　2 個のさいころが区別できるとすると，一緒に振ったときの総和が 5 になる組合わせは何通りか．

4・8　前問で，2 個のさいころが区別できないとすると，何通りになるか．

4・9　区別できない 2 個のさいころを振るときの分配関数 Q を求めよ．

4・10　前問で，出た目の総和 E_j に対する a_j に，組合わせの数を考慮すると，前問の分配関数 Q に一致することを確認せよ．

5

二原子分子の分配関数

二原子分子の分配関数では，並進運動と電子運動のほかに回転運動と振動運動を考える．そのために，分子の回転温度や振動温度を定義する．回転温度は慣性モーメントに依存し，振動温度は基本振動数に依存する．また，分配関数を利用してモル熱容量を求める．ほかの運動と異なり，振動運動のモル熱容量に対する寄与は温度に依存する．

5・1 並進運動の分子分配関数

　貴ガスのような単原子分子の原子核の運動は，並進運動だけである（4章）．しかし，II巻で説明したように，二原子分子では並進運動のほかに，分子全体がくるくると回る回転運動や，核間距離が伸びたり縮んだりする振動運動もある（図5・1）．ただし，回転運動や振動運動の分子分配関数も，並進運動の分子分配関数と同様に，ボルツマン分布則を参考にして求めることができる．

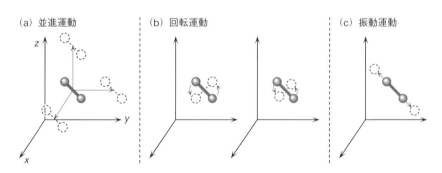

(a) 並進運動　　　　(b) 回転運動　　　　(c) 振動運動

図 5・1　二原子分子の原子核の運動

　II巻で説明したように，分子の運動エネルギーは電子の運動エネルギーと原子核の運動エネルギーに分けて考えることができる*．さらに，原子核の全運動

---

*　II巻では運動エネルギーを E で表したが，III巻では1個の分子の運動エネルギーを ε で表し，系全体のエネルギーを E で表す．

エネルギー $\varepsilon_{全}$ は*，並進エネルギーと回転エネルギーと振動エネルギーの和で表すことができる（添え字の i は省略）.

$$\varepsilon_{全} = \varepsilon_{並進} + \varepsilon_{回転} + \varepsilon_{振動} + \varepsilon_{電子} \tag{5・1}$$

(5・1)式を(4・8)式に代入すれば，分子全体の分子分配関数 $q_{全}$ は，

$$
\begin{aligned}
q_{全} &= \sum_i \exp\left(-\frac{\varepsilon_{並進}+\varepsilon_{回転}+\varepsilon_{振動}+\varepsilon_{電子}}{k_B T}\right) \\
&= \sum_i \exp\left(-\frac{\varepsilon_{並進}}{k_B T}\right) \sum_i \exp\left(-\frac{\varepsilon_{回転}}{k_B T}\right) \sum_i \exp\left(-\frac{\varepsilon_{振動}}{k_B T}\right) \sum_i \exp\left(-\frac{\varepsilon_{電子}}{k_B T}\right) \\
&= q_{並進}\, q_{回転}\, q_{振動}\, q_{電子} \tag{5・2}
\end{aligned}
$$

となる．つまり，二原子分子の分子分配関数はそれぞれの運動の分子分配関数の積で表される．なお，(5・2)式の中の総和については共通に i と記述したが，並進運動については並進エネルギー $\varepsilon_{並進}$ に含まれる量子数 n_x, n_y, n_z，回転運動については回転エネルギー $\varepsilon_{回転}$ に含まれる量子数 J，振動運動については振動エネルギー $\varepsilon_{振動}$ に含まれる量子数 v のように，運動の種類によって異なる.

まずは，並進運動の分子分配関数 $q_{並進}$ と並進エネルギーの平均値 $\langle\varepsilon_{並進}\rangle$ を考える．すでに4章で説明したように，一片の長さが ℓ の立方体の容器の中で運動する分子の並進エネルギー $\varepsilon_{並進}$ は，

$$\varepsilon_{並進(i)} = \frac{h^2}{8M\ell^2}(n_x^2+n_y^2+n_z^2) \tag{5・3}$$

で表される〔(4・12)式参照〕．ただし，質量 m の代わりに分子の質量 M（$= m_A+m_B$）を用いた（M はモル質量ではなく，モル質量をアボガドロ定数 N_A で割り算した分子の質量の値）．そうすると，二原子分子の並進運動の分子分配関数 $q_{並進}$ は，単原子分子の(4・17)式と同様に，

$$q_{並進} = \left(\frac{2\pi M k_B T}{h^2}\right)^{3/2} V \tag{5・4}$$

と書ける．分子分配関数の両辺の自然対数をとると，

$$\ln q_{並進} = \frac{3}{2}\ln T + (T \text{に関係しない項}) \tag{5・5}$$

となる．そうすると，$\ln q_{並進}$ の温度 T に関する偏微分は(4・19)式と同じで，

---

* Ⅱ巻では $\varepsilon_{並進}$ を除く $\varepsilon_{回転}+\varepsilon_{振動}+\varepsilon_{電子}$ を $\varepsilon_{分子全体}$ と定義したので，ここでは $\varepsilon_{並進}$ を含む分子の全エネルギーを $\varepsilon_{全}$ と定義する.

$$\frac{\partial(\ln q_{並進})}{\partial T} = \frac{3}{2T} \tag{5・6}$$

となる．したがって，並進エネルギーの平均値 $\langle \varepsilon_{並進} \rangle$ は(4・20)式と同じで，

$$\langle \varepsilon_{並進} \rangle = k_B T^2 \frac{\partial(\ln q_{並進})}{\partial T} = \frac{3}{2} k_B T \tag{5・7}$$

となる．また，1 mol の分子の並進エネルギー $E_{並進}$ の平均値 $\langle E_{並進} \rangle$ は，

$$\langle E_{並進} \rangle = N_A \langle \varepsilon_{並進} \rangle = N_A \frac{3}{2} k_B T = \frac{3}{2} RT \tag{5・8}$$

となる．系全体の分配関数 $Q_{並進}$ を使って計算しても，同じ結果になる（$Q_{並進}$ の自然対数をとって T で偏微分すると，$N!$ が消えるという意味）．並進運動の分子分配関数(5・4)式は分子の質量 M を含むので，分子の種類に依存するが，並進エネルギーの平均値(5・7)式および(5・8)式は質量 M を含まないので，分子の種類に依存しない．

5・2　回転運動の分子分配関数

　　二原子分子の回転エネルギー $\varepsilon_{回転}$ は，剛体回転子近似を用いると，

$$\varepsilon_{回転} = \frac{h^2}{8\pi^2 I} J(J+1) \tag{5・9}$$

と求められる〔II 巻(2・10)式〕．ここで，h はプランク定数（表1・2），I は慣性モーメントで，換算質量 μ〔$= m_A m_B/(m_A + m_B)$〕に核間距離の2乗を掛け算した値である〔II 巻(1・17)式〕．したがって，慣性モーメント I は分子の種類に依存する．また，J は回転の量子数であり，$J = 0, 1, 2, \cdots$ である．(5・9)式を(4・7)式に代入すれば，回転の量子数 J の状態の数 a_J を計算できて，

$$a_J = \exp\left\{ -\frac{h^2}{8\pi^2 I k_B T} J(J+1) \right\} \tag{5・10}$$

となる．a_J の総和をとれば，回転運動の分子分配関数 $q_{回転}$ が得られる．ただし，それぞれの回転エネルギーの状態は，$2J+1$ 個の状態が縮重しているので（II 巻 §2・3参照）*，次のようになる．

$$q_{回転} = \sum_J (2J+1) a_J = \sum_J (2J+1) \exp\left\{ -\frac{h^2}{8\pi^2 I k_B T} J(J+1) \right\} \tag{5・11}$$

＊　回転運動の波動関数は球面調和関数で表され，量子数 $M = -J, -J+1, \cdots, +J$ の $2J+1$ 個の波動関数が同じエネルギー固有値を与える．

(5・9)式の回転エネルギーの量子数 $J(J+1)$ に対する係数をボルツマン定数 k_B で割り算して，回転温度 $\Theta_{回転}$ を次のように定義する（章末問題5・2）.

$$\Theta_{回転} = \frac{h^2}{8\pi^2 I k_B} \tag{5・12}$$

そうすると，(5・11)式の分子分配関数は，

$$q_{回転} = \sum_J (2J+1) \exp\left\{-\frac{\Theta_{回転}}{T} J(J+1)\right\} \tag{5・13}$$

と書ける．(5・12)式からわかるように，回転温度 $\Theta_{回転}$ は慣性モーメント I がわかれば計算できる．代表的な二原子分子の $\Theta_{回転}$ を表5・1に示す.

表 5・1　代表的な二原子分子の回転温度 $\Theta_{回転}$ と振動温度 $\Theta_{振動}$[†]

分子	$\Theta_{回転}/K$	$\Theta_{振動}/K$	分子	$\Theta_{回転}/K$	$\Theta_{振動}/K$
$^1H_2$	85.35	6332	$^1H^{19}F$	29.58	5954
$^{14}N_2$	2.862	3394	$^1H^{35}Cl$	15.02	4303
$^{16}O_2$	2.069	2273	$^1H^{79}Br$	12.01	3811
$^{19}F_2$	1.181	1319	$^1H^{127}I$	9.248	3322
$^{35}Cl_2$	0.350	805	$^{12}C^{16}O$	2.766	3122
$^{79}Br_2$	0.118	466	$^{14}N^{16}O$	2.393	2739
$^{127}I_2$	0.054	309	$^{35}Cl^{19}F$	0.740	1131

† Ⅱ巻表2・2の慣性モーメントおよびⅡ巻表4・1の振動数から計算.

H原子を含む分子を除けば，室温で $\Theta_{回転}/T$ はかなり小さな値である．たとえば，300 K で N_2 分子の $\Theta_{回転}/T$ を計算すると，0.00954（＝2.862/300）である．$\Theta_{回転}/T \ll 1$ の条件が成り立つ（回転エネルギー準位の間隔が狭い）場合には，J に関する総和を積分で近似できるので，(5・13)式は，

$$q_{回転} = \int_0^\infty (2J+1) \exp\left\{-\frac{\Theta_{回転}}{T} J(J+1)\right\} dJ \tag{5・14}$$

となる．この積分は，次のようにして容易に計算できる．まず，$x = J(J+1) = J^2+J$ とおいて，両辺を J で微分すると，

$$\frac{dx}{dJ} = 2J+1 \tag{5・15}$$

となる．したがって，$(2J+1)dJ = dx$ とおけば，(5・14)式は，

$$q_{回転} = \int_0^\infty \exp\left(-\frac{\Theta_{回転}}{T} x\right) dx \tag{5・16}$$

となる. 一般に, 指数関数の積分は,

$$\int_0^\infty \exp(-\alpha x)\,\mathrm{d}x = \frac{1}{-\alpha}\Big[\exp(-\alpha x)\Big]_0^\infty = \frac{1}{\alpha} \tag{5・17}$$

と計算できる. (5・16)式と(5・17)式を比べて,

$$\alpha = \frac{\Theta_{回転}}{T} \tag{5・18}$$

とおけば, 回転運動に関する分子分配関数は, 次のように得られる.

$$q_{回転} = \frac{T}{\Theta_{回転}} \tag{5・19}$$

(5・19)式の両辺の自然対数をとると,

$$\ln q_{回転} = \ln T - \ln \Theta_{回転} \tag{5・20}$$

となる. 右辺の第2項の $\ln \Theta_{回転}$ は温度 T に依存しないから〔(5・12)式参照〕, $\ln q_{回転}$ の温度 T に関する偏微分は,

$$\frac{\partial(\ln q_{回転})}{\partial T} = \frac{1}{T} \tag{5・21}$$

となる. これを(4・11)式に代入すれば, 回転エネルギーの平均値 $\langle \varepsilon_{回転} \rangle$ は,

$$\langle \varepsilon_{回転} \rangle = k_\mathrm{B} T^2 \times \frac{1}{T} = k_\mathrm{B} T \tag{5・22}$$

と求められる. もしも, 1 mol (アボガドロ定数 N_A 個) の分子を考えるならば, 回転エネルギー $E_{回転}$ の平均値 $\langle E_{回転} \rangle$ は,

$$\langle E_{回転} \rangle = N_\mathrm{A}\langle \varepsilon_{回転} \rangle = N_\mathrm{A} k_\mathrm{B} T = RT \tag{5・23}$$

となる. 表5・1の回転温度 $\Theta_{回転}$ は慣性モーメント I を含み, 分子の種類に依存するが, (5・23)式の回転エネルギーの平均値は分子の種類に依存しない.

　等核二原子分子の場合には注意が必要である. 異核二原子分子は分子全体を 360° 回転するともとの形になるが, 等核二原子分子は 180° 回転したときと 360° 回転したときに, もとの分子の形と区別がつかない. つまり, 分子の回転運動の状態を2重に数えていることになる. したがって, 回転運動の分子分配関数を2で割り算する必要がある. 回転操作によって区別のつかない分子の形の数を回転対称数とよび, σ (衝突断面積とは無関係) で表す. そうすると, (5・19)式は, 一般に,

$$q_{回転} = \frac{T}{\sigma \Theta_{回転}} \tag{5・24}$$

となる*1. 異核二原子分子ならば $\sigma = 1$，等核二原子分子ならば $\sigma = 2$ である.
ただし，自然対数をとって温度で偏微分すると，回転対称数 σ は消えるので，
回転エネルギーの平均値には影響しない.

5・3　振動運動の分子分配関数

二原子分子の振動エネルギー $\varepsilon_{振動}$ は調和振動子近似を用いると，

$$\varepsilon_{振動} = h\nu_{e}\left(v + \frac{1}{2}\right) \tag{5・25}$$

となる〔II巻(4・20)式〕*2. v は振動の量子数であり，$v = 0, 1, 2, \cdots$ である.
また，基本振動数 ν_{e} は次の式で定義される.

$$\nu_{e}(振動数) = \frac{1}{2\pi}\left(\frac{k}{\mu}\right)^{1/2} \tag{5・26}$$

μ は換算質量である. k は力の定数（ボルツマン定数 k_{B} ではない）であり，化
学結合の強さを表し，μ も k も分子の種類に依存する.

(5・25)式を(4・7)式に代入すれば，振動の量子数 v の状態の数 a_{v} は，

$$a_{v} = \exp\left\{-\frac{h\nu_{e}(v + 1/2)}{k_{B}T}\right\} \tag{5・27}$$

となる. (5・27)式を(4・8)式に代入すれば，振動運動の分子分配関数 $q_{振動}$ は，

$$q_{振動} = \sum_{v}\exp\left\{-\frac{h\nu_{e}(v + 1/2)}{k_{B}T}\right\} \tag{5・28}$$

となる. ここで，回転温度と同様に，(5・25)式の振動エネルギーの量子数 $(v + 1/2)$ に対する係数をボルツマン定数 k_{B} で割り算して，振動温度を，

$$\Theta_{振動} = \frac{h\nu_{e}}{k_{B}} \tag{5・29}$$

と定義する. そうすると，振動運動の分子分配関数 $q_{振動}$ は，

$$q_{振動} = \exp\left(-\frac{\Theta_{振動}}{2T}\right)\sum_{v}\exp\left(-\frac{\Theta_{振動}}{T}v\right) \tag{5・30}$$

---

*1　区別できない2個のさいころを振ったときに，状態の数を2で割り算したことと同じ（問題
　4・8の解答参照）.

*2　II巻(4・22)式は基本振動数 ν_{e} を波数の単位 cm^{-1} で表したが，ここでは真空中の光速 c を掛
　け算して振動数の単位 s^{-1} で表す. $h\nu_{e}$ がエネルギーの単位 J（ジュール）になる.

となる．なお，(5・29)式からわかるように，$\Theta_{振動}$ は基本振動数 ν_e がわかれば計算できる．代表的な二原子分子の $\Theta_{振動}$ も表5・1に示した．

(5・30)式を具体的に展開すると，

$$q_{振動} = \exp\left(-\frac{\Theta_{振動}}{2T}\right)\left\{1+\exp\left(-\frac{\Theta_{振動}}{T}\right)+\exp\left(-\frac{\Theta_{振動}}{T}2\right)+\exp\left(-\frac{\Theta_{振動}}{T}3\right)+\cdots\right\}$$

$$= \exp\left(-\frac{\Theta_{振動}}{2T}\right)\left[1+\exp\left(-\frac{\Theta_{振動}}{T}\right)+\left\{\exp\left(-\frac{\Theta_{振動}}{T}\right)\right\}^2+\left\{\exp\left(-\frac{\Theta_{振動}}{T}\right)\right\}^3+\cdots\right]$$

$$(5\cdot31)$$

となる*．ここで，$|x|<1$ の場合には，x のべき数の級数は，

$$\sum_{i=0}^{\infty}x^i = 1+x+x^2+x^3+\cdots = \frac{1}{1-x} \tag{5・32}$$

と計算できる（章末問題5・7）．(5・31)式で，

$$\exp\left(-\frac{\Theta_{振動}}{T}\right) = x \tag{5・33}$$

とおいて(5・32)式を利用すると，分子分配関数 $q_{振動}$ は次のようになる．

$$q_{振動} = \frac{\exp(-\Theta_{振動}/2T)}{1-\exp(-\Theta_{振動}/T)} \tag{5・34}$$

両辺の自然対数をとると，次の式が求められる．

$$\ln q_{振動} = -\frac{\Theta_{振動}}{2T} - \ln\left\{1-\exp\left(-\frac{\Theta_{振動}}{T}\right)\right\} \tag{5・35}$$

したがって，$\ln q_{振動}$ の温度 T に関する偏微分は，

$$\frac{\partial(\ln q_{振動})}{\partial T} = \frac{\Theta_{振動}}{T^2}\left\{\frac{1}{2}+\frac{\exp(-\Theta_{振動}/T)}{1-\exp(-\Theta_{振動}/T)}\right\} \tag{5・36}$$

となる．これを(4・11)式に代入すれば，振動エネルギーの平均値 $\langle\varepsilon_{振動}\rangle$ は，

$$\langle\varepsilon_{振動}\rangle = k_B T^2\frac{\partial(\ln q_{振動})}{\partial T} = k_B\left\{\frac{\Theta_{振動}}{2}+\frac{\Theta_{振動}\exp(-\Theta_{振動}/T)}{1-\exp(-\Theta_{振動}/T)}\right\} \tag{5・37}$$

となる．温度に依存しない $k_B\Theta_{振動}/2$（$=h\nu_e/2$）が零点振動エネルギーを表す．

もしも，1 mol（アボガドロ定数 N_A 個）の分子を考えるならば，振動エネル

---

* 39ページの脚注2で $y=x$ とすると，$\exp(2x) = (\exp x)^2$ となる．

ギー $E_{振動}$ の平均値 $\langle E_{振動}\rangle$ は,

$$\langle E_{振動}\rangle = N_A k_B \left\{ \frac{\Theta_{振動}}{2} + \frac{\Theta_{振動}\exp(-\Theta_{振動}/T)}{1-\exp(-\Theta_{振動}/T)} \right\}$$

$$= R\left\{ \frac{\Theta_{振動}}{2} + \frac{\Theta_{振動}\exp(-\Theta_{振動}/T)}{1-\exp(-\Theta_{振動}/T)} \right\} \tag{5・38}$$

となる. 並進エネルギーの平均値は $(3/2)RT$ であり〔(5・8)式参照〕, 回転エネルギーの平均値は RT であり〔(5・23)式参照〕, 分子の種類に依存しない. 一方, 振動エネルギーの平均値は $\Theta_{振動}$ を含むので, 分子の種類に依存する.

5・4　電子運動の分子分配関数

　一般に, 電子運動のエネルギー準位の間隔は, 振動エネルギー準位, 回転エネルギー準位, 並進エネルギー準位の間隔に比べて, かなり広い（II 巻 8 章参照). したがって, 単原子分子と同様に, 電子基底状態の状態の数だけを考えて, $a_1 = 1$, $a_2 = a_3 = \cdots = 0$ と近似できる. ただし, 単原子分子と異なり, 二原子分子の電子基底状態の電子エネルギーは核間距離に依存し, 分子分配関数は電子エネルギーの基準をどこにとるかによって変わる. もしも, 図 5・2 に示したように, 分子の解離状態をポテンシャルエネルギーの 0 にとり, 最小値との差（解離エネルギー）を D_e（正の値）とすれば, 電子運動の分子分配関数 $q_{電子}$ はスピン多重度（縮重度）$g_{電子}$ を考慮して*,

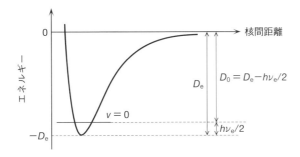

図 5・2　解離エネルギー D_e と零点振動エネルギー $h\nu_e/2$

---

*　安定な二原子分子の電子基底状態は一重項だから, 電子運動の分子分配関数は $q_{電子} = \exp(D_e/k_B T)$ となる. 反応性の高い B_2 分子や O_2 分子は電子基底状態が三重項なので（II 巻 表 9・3 参照）, $q_{電子} = 3\exp(D_e/k_B T)$ となる.

$$q_{電子} = g_{電子} \exp\left(\frac{D_{\mathrm{e}}}{k_{\mathrm{B}}T}\right) \tag{5・39}$$

となる．ポテンシャルエネルギーの最小値（$-D_{\mathrm{e}}$）は，前節で説明した振動エネルギーと共通の基準でもある．どうして，ポテンシャルエネルギーの0を最小値ではなく，解離状態にしたかというと，構成する原子が同じならば，化学結合の異なる分子のポテンシャルエネルギーの0が共通になるからである．ポテンシャルエネルギーの0を共通にすることによって，異なる分子間の平衡定数や反応速度定数を，それぞれの分子の分子分配関数を使って導くことができる（§12・4，§15・4で詳しく説明する）．

　結局，二原子分子の分子分配関数 $q_{全}$ は，(5・4)式，(5・24)式，(5・34)式，(5・39)式を掛け算して，次のようになる．

$$
\begin{aligned}
q_{全} &= \left(\frac{2\pi M k_{\mathrm{B}}T}{h^2}\right)^{3/2} V \frac{T}{\sigma \Theta_{回転}} \frac{\exp(-\Theta_{振動}/2T)}{1-\exp(-\Theta_{振動}/T)} g_{電子} \exp\left(\frac{D_{\mathrm{e}}}{k_{\mathrm{B}}T}\right) \\
&= \left(\frac{2\pi M k_{\mathrm{B}}T}{h^2}\right)^{3/2} V \frac{T}{\sigma \Theta_{回転}} \frac{1}{1-\exp(-\Theta_{振動}/T)} g_{電子} \exp\left(\frac{D_{\mathrm{e}}-h\nu_{\mathrm{e}}/2}{k_{\mathrm{B}}T}\right) \\
&= \left(\frac{2\pi M k_{\mathrm{B}}T}{h^2}\right)^{3/2} V \frac{T}{\sigma \Theta_{回転}} \frac{1}{1-\exp(-\Theta_{振動}/T)} g_{電子} \exp\left(\frac{D_0}{k_{\mathrm{B}}T}\right)
\end{aligned}
$$
$$\tag{5・40}$$

ここで，零点振動エネルギーを引き算した解離エネルギーを D_0 として〔図(5・2)参照〕，振動温度の定義 $\Theta_{振動} = h\nu_{\mathrm{e}}/k_{\mathrm{B}}$ と $D_0 = D_{\mathrm{e}} - h\nu_{\mathrm{e}}/2$ を利用した．$q_{振動}$ と $q_{電子}$ を，

$$q_{振動} = \frac{1}{1-\exp(-\Theta_{振動}/T)} \tag{5・41}$$

$$q_{電子} = g_{電子} \exp\left(\frac{D_0}{k_{\mathrm{B}}T}\right) \tag{5・42}$$

と考えることは，分子分配関数のためのエネルギー固有値の基準を，分子の状態のないポテンシャルの最小値ではなく，振動基底状態（$v=0$）で考えることを意味する．

5・5　分配関数と熱容量

　理想気体でない実在気体では，運動エネルギーの平均値 $\langle \varepsilon \rangle$ の絶対値を測定することはむずかしい．しかし，温度を変化させることによって，$\langle \varepsilon \rangle$ の変化

量を測定できる．気体の温度を 1 K 上げるために必要な熱エネルギーを熱容量
という．また，1 mol の気体の熱容量をモル熱容量という．熱容量の記号は C
で表される．体積が一定の状態で測定する熱容量を特に C_v と書く*．この場合
には，すべての熱エネルギーが気体を構成する分子の運動エネルギー（並進エ
ネルギー，回転エネルギー，振動エネルギー）になる．

一般に，モル熱容量 C_v は 1 K あたりの運動エネルギーの平均値 $\langle E \rangle$ の変化
量だから，次のように定義される．

$$C_v = \frac{\partial \langle E \rangle}{\partial T} \tag{5・43}$$

まずは，単原子分子のモル熱容量を考える．熱エネルギーでは電子励起状態に
なれないので，$E_{電子}$ は考えない．また，単原子分子には回転運動も振動運動も
ない．したがって，単原子分子のモル熱容量を計算するためには，分配関数と
して並進運動だけを考えればよい〔(4・24)式参照〕．そうすると，(4・34)式の
N に N_A を代入して，温度 T で偏微分すればよいから，モル熱容量 C_v は，

$$C_v = C_{並進} = \frac{3}{2} N_A k_B = \frac{3}{2} R \tag{5・44}$$

となる．3 次元空間での並進運動の自由度は 3（x 軸方向，y 軸方向，z 軸方向）
だから，運動の 1 自由度あたりのモル熱容量が $(1/2)R$ であることを表す．

二原子分子では，与えられた熱エネルギーは回転エネルギーや振動エネル
ギーにも分配されるので，並進エネルギーは単原子分子よりも少なくなる．逆
にいえば，二原子分子のモル熱容量は単原子分子よりも大きくなる．ただし，
並進運動のモル熱容量に対する寄与は単原子分子と同じである．

$$C_{並進} = \frac{3}{2} R \tag{5・45}$$

一方，回転運動のモル熱容量に対する寄与は(5・23)式を温度 T で偏微分して，

$$C_{回転} = R \tag{5・46}$$

である．並進運動と同様に，回転運動のモル熱容量に対する寄与も分子の種類
に依存しない．二原子分子の回転運動の自由度は 2 だから（II 巻 1 章参照），並
進運動と同様に，運動の 1 自由度あたりのモル熱容量は $(1/2)R$ である．二原
子分子のモル熱容量は，並進運動と回転運動の寄与をあわせて $(5/2)R$ となる．

---

* 圧力が一定で体積が変化すると，熱エネルギーのほかに仕事エネルギーのやりとりも考える必
要がある．この場合の熱容量を C_p と書く．IV 巻 4 章で詳しく説明する．

　振動運動のモル熱容量に対する寄与を求めるためには, (5・38)式で与えられる振動エネルギーの平均値を温度 T で偏微分すればよい. そのために,

$$x = \exp\left(-\frac{\Theta_{振動}}{T}\right) \tag{5・47}$$

とおくと, (5・38)式は次のようになる.

$$\langle E_{振動}\rangle = R\left(\frac{\Theta_{振動}}{2} + \frac{\Theta_{振動}\,x}{1-x}\right) \tag{5・48}$$

これを x で偏微分すると, 第1項は x に関係しないので消えて,

$$\frac{\partial\langle E_{振動}\rangle}{\partial x} = R\frac{\Theta_{振動}}{(1-x)^2} \tag{5・49}$$

となる. また, (5・47)式の両辺を温度 T で偏微分すると,

$$\frac{\partial x}{\partial T} = \frac{\Theta_{振動}}{T^2}\exp\left(-\frac{\Theta_{振動}}{T}\right) \tag{5・50}$$

となる. (5・49)式と(5・50)式を掛け算すると,

$$\begin{aligned}
C_{振動} &= \frac{\partial\langle E_{振動}\rangle}{\partial T} = \frac{\partial\langle E_{振動}\rangle}{\partial x}\frac{\partial x}{\partial T} \\
&= R\left(\frac{\Theta_{振動}}{T}\right)^2\frac{\exp(-\Theta_{振動}/T)}{\{1-\exp(-\Theta_{振動}/T)\}^2}
\end{aligned} \tag{5・51}$$

が得られる. (5・29)式からわかるように, $\Theta_{振動}$ は基本振動数 ν_e に依存する. したがって, 並進運動や回転運動と異なり, 振動運動のモル熱容量に対する寄与は分子の種類および温度に依存する. 特に, 温度 T が $\Theta_{振動}$ 以上になると, 振動運動の熱容量に対する寄与が無視できなくなる (章末問題5・10).

　水素と窒素のそれぞれの運動のモル熱容量 C_V に対する寄与を, アルゴン (並進運動の寄与のみ) と図5・3で比較した. 水素と窒素には, 並進運動の寄与 〔$(3/2)R \approx 12.472\,\mathrm{J\,K^{-1}\,mol^{-1}}$〕のほかに, 回転運動の寄与 ($R \approx 8.3145\,\mathrm{J\,K^{-1}\,mol^{-1}}$) がある. また, 振動運動の寄与もあるが, 室温付近ではほとんどない. つまり, 外界から与えられた熱エネルギーが同じならば, 水素も窒素も温度は同じように上がる. しかし, 温度が高くなるにつれて, 振動運動の寄与は大きくなり, 気体の温度が上がりにくくなる. 温度が高くなると, 与えられた熱エネルギーが振動運動にも使われて, 振動励起状態になる (並進エネルギーがあまり増えない) という意味である. また, 基本振動数が低いほど, 熱エネルギーが振動運動に使われやすく (振動励起状態になりやすく), 温度が上がりにくく

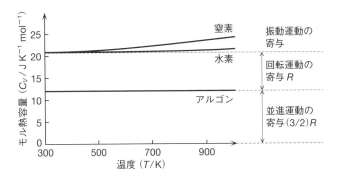

図 5・3 それぞれの運動のモル熱容量 C_V に対する寄与（温度依存性）

なる．つまり，窒素（波数 $\nu_e/c = 2359\ \mathrm{cm}^{-1}$）のモル熱容量 C_V のほうが，水素（波数 $\nu_e/c = 4401\ \mathrm{cm}^{-1}$）よりも大きくなる（II 巻の表 5・2 参照）．

章 末 問 題

5・1 (5・5)式で，温度 T に関係しない項を具体的に式で示せ．

5・2 表 1・2 の基礎物理定数の単位を参考にして，$\Theta_{回転}$ および $\Theta_{振動}$ の単位が温度 K（ケルビン）になることを確認せよ．

5・3 H_2 分子の回転定数 B（$= h^2/8\pi^2 I$）は 59.322 cm^{-1} である．エネルギーの単位 J（ジュール）に直してから，回転温度 $\Theta_{回転}$ を求めよ．ただし，真空中の光速 c を $2.9979 \times 10^{10}\ \mathrm{cm\ s}^{-1}$，プランク定数 h を $6.6261 \times 10^{-34}\ \mathrm{J\ s}$，ボルツマン定数 k_B を $1.3806 \times 10^{-23}\ \mathrm{J\ K}^{-1}$ とする．

5・4 表 5・1 の回転温度を使って，300 K で N_2 分子の回転運動（$J = 1$）の状態の数 a_1 を求めよ．縮重度を考慮すると，どうなるか．

5・5 H_2 分子と HD 分子と D_2 分子の回転対称数 σ を答えよ．

5・6 300 K で N_2 分子の振動運動（$v = 0$）の状態の数 a_0 を求めよ．ただし，振動基底状態をエネルギー固有値の基準とする．

5・7 (5・32)式を証明せよ．まずは，N 個のべき級数の和 $\sum_{i=0}^{N} x^i$ を考え，両辺に x を掛け算したべき級数の和 $x \sum_{i=0}^{N} x^i$ との関係を調べる．その後，$|x| < 1$ の条件で N を無限大にする．

5・8 (5・39)式で表される電子運動の分子分配関数について，自然対数を温度 T で偏微分した式を求めよ．また，(4・11)式を利用して，電子エネルギーの平均値が $-D_e$ になることを示せ．

5・9　300 K で，N_2 分子の振動運動のモル熱容量に対する寄与を求めよ．モル気体定数 R を 8.3145 J K^{-1} mol^{-1} とする．

5・10　温度 T が $\Theta_{振動}$ に等しいとき，振動運動の熱容量に対する寄与を求めよ．モル気体定数 R を 8.3145 J K^{-1} mol^{-1}，自然対数の底 e を 2.71828 とする．

6

多原子分子の分配関数

多原子分子の並進運動の分配関数は二原子分子と同じになる. 回転運動の分配関数も, 直線分子では二原子分子と同じになる. 非直線分子では, 3種類の回転温度を考える必要がある. したがって, 非直線分子の回転運動のモル熱容量に対する寄与は $(3/2)R$ となる. 振動運動の分配関数は, 基準振動数を使った分配関数の積で表すことができる.

6・1 並進運動の分子分配関数

多原子分子を構成する個々の原子の質量を m_i とすれば, 分子の質量 M は,

$$M = \sum_i m_i \tag{6・1}$$

である. 分子の質量 M を用いれば, 一片の長さが ℓ の立方体の容器の中で運動する多原子分子の並進エネルギー $\varepsilon_{並進}$ は, 二原子分子の(5・3)式と同じで,

$$\varepsilon_{並進} = \frac{h^2}{8M\ell^2} (n_x^2 + n_y^2 + n_z^2) \tag{6・2}$$

となる. したがって, 多原子分子の並進運動の分子分配関数 $q_{並進}$ は, 二原子分子の(5・4)式と同じになる.

$$q_{並進} = \left(\frac{2\pi M k_B T}{h^2} \right)^{3/2} V \tag{6・3}$$

さらに, 並進エネルギーの平均値 $\langle \varepsilon_{並進} \rangle$ も二原子分子と同じ(5・7)式であり,

$$\langle \varepsilon_{並進} \rangle = \frac{3}{2} k_B T \tag{6・4}$$

となる. また, 1 mol (アボガドロ定数 N_A 個) の分子からなる集団の並進エネルギー $E_{並進}$ の平均値 $\langle E_{並進} \rangle$ も, 二原子分子と同じ(5・8)式となる.

$$\langle E_{並進} \rangle = N_A \frac{3}{2} k_B T = \frac{3}{2} RT \tag{6・5}$$

結局, 多原子分子の並進運動に関しては, 分子分配関数もエネルギーの平均値も, 単原子分子および二原子分子と同じ形の式が成り立つ.

6·2 直線分子の回転運動の分子分配関数

多原子分子の回転運動の分子分配関数は，二原子分子に比べると，かなり複雑である．分子の形によって，回転運動に差があるからである．Ⅱ巻10章と11章で説明したように，ふつうの多原子分子は二原子分子と異なり，3種類の慣性主軸（a軸，b軸，c軸）と3種類の主慣性モーメント（I_a, I_b, I_c）を考えなければならない．ただし，CO_2 分子のような直線分子には，分子軸まわりの回転運動がないから，二原子分子と同じように考えればよい．二原子分子および直線分子は，分子軸に垂直な面内で，質量中心からどの方向に回転軸をとっても，主慣性モーメント I の大きさが同じである．そうすると，直線分子の回転エネルギー $\varepsilon_{回転}$ は，二原子分子と同じ(5·9)式が成り立つ．

$$\varepsilon_{回転} = \frac{h^2}{8\pi^2 I} J(J+1) \tag{6·6}$$

また，回転の量子数 J での状態の数 a_J は，二原子分子の(5·10)式と同じで，

$$a_J = \exp\left\{-\frac{h^2}{8\pi^2 I k_B T} J(J+1)\right\} \tag{6·7}$$

となる．そうすると，回転運動の分子分配関数 $q_{回転}$ は，縮重度 $2J+1$ を考慮すれば，二原子分子の(5·11)式と同じで，

$$q_{回転} = \sum_J (2J+1) \exp\left\{-\frac{h^2}{8\pi^2 I k_B T} J(J+1)\right\} \tag{6·8}$$

となる．また，(5·12)式で定義した回転温度 $\Theta_{回転}$ を用いれば，

$$q_{回転} = \sum_J (2J+1) \exp\left\{-\frac{\Theta_{回転}}{T} J(J+1)\right\} \tag{6·9}$$

と書ける．

直線分子（CO_2 分子と OCS 分子）の $\Theta_{回転}$ を表6·1に示す．二原子分子に比べると，多原子分子の慣性モーメントはかなり大きいから，室温近くでは，明らかに $\Theta_{回転}/T \ll 1$ である．そこで，これまでと同様に総和を積分で計算すると，回転運動の分子分配関数 $q_{回転}$ は二原子分子の(5·24)式と同じになる．

$$q_{回転} = \frac{T}{\sigma \Theta_{回転}} \tag{6·10}$$

ここで，回転対称数 σ も考慮した．CO_2 分子のような対称直線分子では，等核二原子分子と同様に $\sigma = 2$ であり，OCS 分子のような非対称直線分子では，異核二原子分子と同様に $\sigma = 1$ である．

表 6・1　代表的な多原子分子の主慣性モーメント $I^\dagger$ と回転温度 $\Theta_{回転}$

分子	$I/10^{-46}\,\mathrm{kg\,m^2}$	$\Theta_{回転}/\mathrm{K}$	回転対称数 σ
CO_2	7.1725	0.5615	2
OCS	13.799	0.2919	1
CH_4	0.5341	7.541	12
NH_3	0.2964 $(I_\perp)$ 0.4518 $(I_{//})$	13.59 8.915	3
H_2O	0.1004 (I_a) 0.1929 (I_b) 0.3015 (I_c)	40.11 20.88 13.36	2

†　G. Herzberg, "Molecular spectra and molecular structure Ⅲ. Electronic spectra and electronic structure of polyatomic molecules", Van Nostrand Reinhold Co. (1966).

6・3　非直線分子の回転運動の分子分配関数

　CH_4 分子の 4 個の H 原子は正四面体の頂点に位置する（I 巻 17 章参照）．このような対称性の分子では，三つの主慣性モーメントの値がすべて同じになり（$I_a = I_b = I_c$），球こま分子という（Ⅱ 巻 11 章参照）．球こま分子の回転エネルギーは，二原子分子や直線分子と同様に求めることができる．主慣性モーメントを I とすれば，（6・6）式と同様に，

$$\varepsilon_{回転} = \frac{h^2}{8\pi^2 I} J(J+1) \tag{6・11}$$

と書ける．ただし，縮重度は $(2J+1)^2$ である*．そうすると，球こま分子の回転運動の分子分配関数 $q_{回転}$ は，（5・12）式の回転温度 $\Theta_{回転}$ を用いると，

$$q_{回転} = \sum_J (2J+1)^2 \exp\left\{-\frac{\Theta_{回転}}{T} J(J+1)\right\} \tag{6・12}$$

となる．これまでと同様に総和を積分で計算し，さらに，J に比べて 1 は無視できると近似すると（$J+1$ を J とすると），（6・12）式は，

---

*　二原子分子や直線分子の回転運動は，空間固定座標系で回転軸（分子軸に垂直）を定義できる．しかし，球こま分子では，分子全体の回転運動（空間固定座標系に対する分子固定座標系の回転）と，分子固定座標系での分子の回転運動の両方を考える必要がある．球こま分子では，角運動量演算子に関する分子固定座標系の z 成分の量子数の条件 $M = -J, -J+1, \cdots, +J$ によって，$2J+1$ 個の状態が縮重するほかに，空間固定座標系での z 成分の量子数の条件 $K = -J, -J+1, \cdots, +J$ でも $2J+1$ 個の状態が縮重する．球こま分子のエネルギー固有値は J のみに依存し，量子数 M にも K にも依存しないので，結局，回転エネルギー状態 J に対して，$(2J+1)^2$ の縮重度を考える必要がある．詳しくは，近藤 保編，小谷正博，幸田清一郎，染田清彦著，"大学院講義物理化学"，東京化学同人（1997）を参照．

$$q_{回転} = \int_0^\infty 4J^2 \exp\left(-\frac{\Theta_{回転}}{T}J^2\right) \mathrm{d}J \qquad (6\cdot13)$$

となる．ここで次の数学の公式を利用する．

$$\int_0^\infty x^2 \exp(-\alpha x^2)\,\mathrm{d}x = \frac{1}{4\alpha}\left(\frac{\pi}{\alpha}\right)^{1/2} \qquad (6\cdot14)$$

この公式は$(2\cdot32)$式で$n=1$を代入した式である．$x=J$，$\alpha=\Theta_{回転}/T$とおけ
ば，$(6\cdot13)$式は，

$$q_{回転} = \pi^{1/2}\left(\frac{T}{\Theta_{回転}}\right)^{3/2} \qquad (6\cdot15)$$

となる．また，回転対称数σを考慮した分子分配関数$q_{回転}$は次のようになる．

$$q_{回転} = \frac{\pi^{1/2}}{\sigma}\left(\frac{T}{\Theta_{回転}}\right)^{3/2} \qquad (6\cdot16)$$

　CH_4分子の回転対称数σは次のように考える．すでに述べたように，CH_4
分子は正四面体形をしていて，4個のH原子のいくつかを交換したときにもと
の分子と区別できない．かりに4個のH原子にa, b, c, dの名前をつけて，
すべての置換を考えると，組合わせの数は$4! = 4\times3\times2\times1 = 24$である（§4・
5脚注参照）．つまり，4個のH原子が区別できないとすると，回転対称数σは
24である．しかし，そのうちの半分は，回転しても互いの形にならない（区
別できる）ので，回転対称数を半分にする必要がある（§5・2脚注参照）．ど
ういうことかというと，たとえば，図$6\cdot1$に示したように，まずはH_aの位置
を固定する．図の上半分に示した三つの形は，$C-H_a$軸のまわりの120°と
240°の回転操作によって，互いの形になる（II巻16章参照）．また，図の下半
分に示した三つの形も，120°と240°の回転操作によって，互いの形になる．
しかし，上半分のグループと下半分のグループは，回転しても互いの形になら

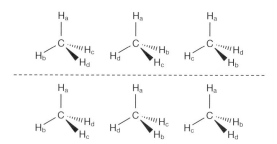

図 6・1　CH_4 分子の H 原子の交換によってできる形 （H_a 原子を固定）

ない．つまり，二つのグループを区別する必要がある．したがって，CH_4 の回転対称数 σ は半分の 12（= 24/2）になる．

　NH_3 分子の 3 個の H 原子と N 原子は，正三角錐の頂点に位置する（Ⅰ巻 17章）．このような対称性の分子を対称こま分子という（Ⅱ巻 11 章参照）．対称こま分子は，分子軸（N 原子と 3 個の H 原子の中心を結ぶ軸）に垂直な主慣性モーメント $I_\perp$ が二つあり，分子軸に平行な主慣性モーメント $I_{/\!/}$ が一つある．そうすると，次の 2 種類の回転温度を定義する必要がある．

$$\Theta_{回転(\perp)} = \frac{h^2}{8\pi^2 I_\perp k_B} \tag{6・17}$$

$$\Theta_{回転(/\!/)} = \frac{h^2}{8\pi^2 I_{/\!/} k_B} \tag{6・18}$$

NH_3 分子の 2 種類の回転温度を表 6・1 に載せた．(6・16)式からの類推で，対称こま分子の回転運動の分子分配関数 $q_{回転}$ は，次のようになる．

$$
\begin{aligned}
q_{回転} &= \frac{\pi^{1/2}}{\sigma}\left(\frac{T}{\Theta_{回転(\perp)}}\right)^{1/2}\left(\frac{T}{\Theta_{回転(\perp)}}\right)^{1/2}\left(\frac{T}{\Theta_{回転(/\!/)}}\right)^{1/2} \\
&= \frac{\pi^{1/2}}{\sigma}\left(\frac{T}{\Theta_{回転(\perp)}}\right)\left(\frac{T}{\Theta_{回転(/\!/)}}\right)^{1/2}
\end{aligned} \tag{6・19}
$$

　NH_3 分子の回転対称数 σ を調べてみよう．3 個の H 原子に a, b, c と名前をつけて，いくつかの H 原子を交換すると，図 6・2 の 6（= 3!）種類が可能である．そのうち，上半分のグループと下半分のグループは区別でき，回転操作によって互いの形にならない．したがて，回転対称数 σ は 3（= 6/2）になる．

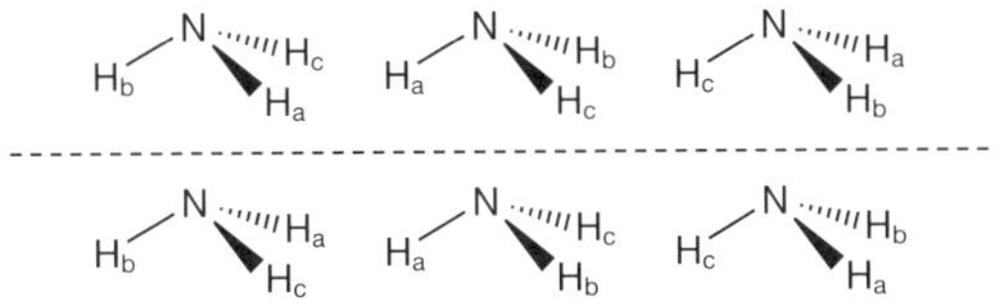

図 6・2　NH_3 分子の H 原子の交換によってできる形

　H_2O 分子は二等辺三角形の平面分子である（Ⅰ巻 §17・4 参照）．H_2O 分子のような非直線分子では，三つの主慣性モーメント（I_a, I_b, I_c）の値がすべて異なる．このような分子を非対称こま分子といい（Ⅱ巻 11 章参照），次の 3 種類の回転温度を定義する必要がある．

$$\Theta_{\text{回転(a)}} = \frac{h^2}{8\pi^2 I_a k_B} \qquad (6\cdot20)$$

$$\Theta_{\text{回転(b)}} = \frac{h^2}{8\pi^2 I_b k_B} \qquad (6\cdot21)$$

$$\Theta_{\text{回転(c)}} = \frac{h^2}{8\pi^2 I_c k_B} \qquad (6\cdot22)$$

H_2O 分子の3種類の回転温度を表6・1に載せた.

(6・16)式および(6・19)式からの類推で, 非対称こま分子の回転運動の分子分配関数 $q_{\text{回転}}$ は,

$$q_{\text{回転}} = \frac{\pi^{1/2}}{\sigma}\left(\frac{T}{\Theta_{\text{回転(a)}}}\right)^{1/2}\left(\frac{T}{\Theta_{\text{回転(b)}}}\right)^{1/2}\left(\frac{T}{\Theta_{\text{回転(c)}}}\right)^{1/2} \qquad (6\cdot23)$$

となる. H_2O 分子は, 分子軸 (結合角 HOH の二等分線) のまわりの180°および360°の回転で区別できない. つまり, 等核二原子分子や対称直線分子と同じように, H_2O 分子のような対称平面分子の回転対称数 σ は2である. H_2O 分子の1個の H 原子を同位体の D 原子で置換した HOD 分子は, 回転対称数 σ が異核二原子分子と同じ1である.

6・4　振動運動と電子運動の分子分配関数

多原子分子の i 番目の基準振動に関する振動エネルギー $\varepsilon_{\text{振動}(i)}$ は, 調和振動子近似を用いると, 次のように与えられる〔II 巻(14・40)式〕.

$$\varepsilon_{\text{振動}(i)} = h\nu_{e(i)}\left(v_i+\frac{1}{2}\right) \qquad v_i = 0, 1, 2, \cdots \qquad (6\cdot24)$$

そうすると, 基準振動に関する振動エネルギーの総和は,

$$\varepsilon_{\text{振動}} = \sum_i h\nu_{e(i)}\left(v_i+\frac{1}{2}\right) \qquad (6\cdot25)$$

と表される. $\sum_i$ の i は 1 から基準振動の種類の数までを表す. N 原子からなる分子の基準振動の種類の数は, 直線分子で $3N-5$〔II 巻(12・3)式〕, 非直線分子では $3N-6$ である〔II 巻(13・2)式〕. (6・25)式を(4・8)式の ε_i に代入すれば, 分子分配関数 $q_{\text{振動}}$ は,

$$q_{\text{振動}} = \sum_{v_i}\exp\left\{-\frac{\displaystyle\sum_i h\nu_{e(i)}(v_i+1/2)}{k_B T}\right\} \qquad (6\cdot26)$$

となる (i は基準振動の番号, v_i が(4・8)式の i に対応する). 一方, $\sum_{v_i}$ の振動

の量子数 v_i は 0 から ∞ までを表す.

足し算の指数関数は指数関数の掛け算だから（39 ページ脚注 2 参照）,（6・26)式は,

$$q_{振動} = \prod_i \left[\sum_{v_i} \exp\left\{ -\frac{h\nu_{e(i)}(v_i + 1/2)}{k_B T} \right\} \right] \tag{6・27}$$

となる. $\prod_i$ はすべての基準振動について掛け算することを表す.［ ］の中のそれぞれの基準振動に関する式は，二原子分子の振動運動の分子分配関数を表す (5・28)式と同じである. そこで，基準振動 i の分子分配関数を $q_{振動(i)}$ とすると，多原子分子の分子分配関数 $q_{振動}$ は,

$$q_{振動} = \prod_i q_{振動(i)} \tag{6・28}$$

となる. $q_{振動(i)}$ は(5・34)式で与えられているので,

$$q_{振動} = \prod_i \frac{\exp(-\Theta_{振動(i)}/2T)}{1 - \exp(-\Theta_{振動(i)}/T)} \tag{6・29}$$

と書くことができる. ただし，それぞれの基準振動の振動温度 $\Theta_{振動(i)}$ を次のように定義した〔(5・29)式参照〕.

$$\Theta_{振動(i)} = \frac{h\nu_{e(i)}}{k_B} \tag{6・30}$$

(6・29)式の両辺の自然対数をとると,掛け算の自然対数は自然対数の足し算になるから（$\ln xy = \ln x + \ln y$),

$$\ln q_{振動} = \sum_i \left[-\frac{\Theta_{振動(i)}}{2T} - \ln\left\{ 1 - \exp\left(-\frac{\Theta_{振動(i)}}{T} \right) \right\} \right] \tag{6・31}$$

である. また，$\ln q_{振動}$ の温度 T に関する偏微分は,

$$\frac{\partial(\ln q_{振動})}{\partial T} = \sum_i \frac{\Theta_{振動(i)}}{T^2} \left\{ \frac{1}{2} + \frac{\exp(-\Theta_{振動(i)}/T)}{1 - \exp(-\Theta_{振動(i)}/T)} \right\} \tag{6・32}$$

となる. これを (4・11)式に代入すれば，振動エネルギーの平均値 $\langle \varepsilon_{振動} \rangle$ は,

$$\langle \varepsilon_{振動} \rangle = k_B \sum_i \left\{ \frac{\Theta_{振動(i)}}{2} + \frac{\Theta_{振動(i)} \exp(-\Theta_{振動(i)}/T)}{1 - \exp(-\Theta_{振動(i)}/T)} \right\} \tag{6・33}$$

と求めることができる. もしも，1 mol（アボガドロ定数 N_A 個）の分子を考えるならば，振動エネルギー $E_{振動}$ の平均値 $\langle E_{振動} \rangle$ は次のようになる.

$$\langle E_{振動} \rangle = R \sum_i \left\{ \frac{\Theta_{振動(i)}}{2} + \frac{\Theta_{振動(i)} \exp(-\Theta_{振動(i)}/T)}{1 - \exp(-\Theta_{振動(i)}/T)} \right\} \tag{6・34}$$

表6・2に代表的な多原子分子の振動温度を載せた. 一つの基準振動に対して

一つの振動温度が定義される．ただし，縮重した基準振動の振動温度は同じ値なので，（　）の中に振動の縮重度を書き，値の異なる振動温度のみを載せた．たとえば，CO_2 分子の対称伸縮振動と逆対称伸縮振動は縮重していないので（1）と書き，変角振動は2重に縮重しているので（2）と書いた（II 巻 12 章参照）．分子を構成する原子の数が増えれば，振動温度の種類は増える（回転温度の種類は必ず3以下）．

表 6・2　代表的な多原子分子の基本振動数 ν_e と振動温度 $\Theta_{振動}$†

分子	ν_e/cm^{-1}	$\Theta_{振動}/K$（縮重度）	自由度の合計	分子	ν_e/cm^{-1}	$\Theta_{振動}/K$（縮重度）	自由度の合計
CO_2	1333	1918(1)		NH_3	3336	4800(1)	
	667	960(2)	4		950	1367(1)	6
	2349	3380(1)			3443	4954(2)	
					1626	2339(2)	
OCS	2174	3128(1)		CH_4	2917	4197(1)	
	874	1257(1)	4		1534	2207(2)	9
	539	776(2)			3019	4344(3)	
H_2O	3657	5262(1)			1306	1879(3)	
	1595	2295(1)	3				
	3756	5404(1)					

†　基準振動の自由度の合計は縮重度の合計．振動数の順番は振動の対称性を考慮した基準振動の順番（II 巻参照）．

多原子分子の電子運動の分子分配関数 $q_{電子}$ は，二原子分子と変わらない．

$$q_{電子} = g_{電子}\exp\left(\frac{D_e}{k_BT}\right) \qquad (6\cdot35)$$

ただし，多原子分子には化学結合がいくつもあるので，それらの解離エネルギーの総和を D_e と考える．なお，電子基底状態の縮重度 $g_{電子}$ はふつうの安定な多原子分子では1である．また，振動基底状態を分子分配関数のためのエネルギー固有値の基準にとれば，(6・29)式の分数の分子を1とし，(6・35)式の D_e を D_0 とすればよい（§5・4参照）．

6・5　多原子分子の分配関数と熱容量

(5・41)式で示したように，モル熱容量 C_v は次のように定義される．

$$C_v = \frac{\partial\langle E\rangle}{\partial T} \qquad (6\cdot36)$$

多原子分子の場合も，熱エネルギーで電子励起状態になることはないから，並

進エネルギー，回転エネルギー，振動エネルギーを考えることにする．並進運動のモル熱容量に対する寄与は単原子分子や二原子分子と同じで，(6・5)式を温度 T で微分して，

$$C_{並進} = \frac{3}{2}R \tag{6・37}$$

となる．並進エネルギーのモル熱容量に対する寄与は分子の種類に依存しない．

　次に，直線分子の回転運動のモル熱容量に対する寄与を調べる．まず，(6・10)式の自然対数をとると，

$$\ln q_{回転} = \ln T - \ln\sigma - \ln\Theta_{回転} \tag{6・38}$$

となる．右辺は第2項も第3項も温度 T に依存しない．そうすると，直線分子の回転エネルギーの平均値は，二原子分子の(5・23)式と同じになる．

$$\langle E_{回転} \rangle = RT \tag{6・39}$$

したがって，モル熱容量に対する寄与も二原子分子と同じ(5・44)式になる．

$$C_{回転} = R \tag{6・40}$$

直線分子の回転運動の自由度は二原子分子と同じ2だから，回転運動の1自由度あたりの寄与 $(1/2)R$ を2倍したと考えればよい．

　しかし，非直線分子の回転運動のモル熱容量に対する寄与は，直線分子とは異なる．CH_4 分子などの球こま分子は，(6・16)式の分子分配関数の自然対数が，

$$\ln q_{回転} = \frac{3}{2}\ln T + \ln(T に関係しない項) \tag{6・41}$$

となる．実をいうと，NH_3 分子などの対称こま分子でも，H_2O 分子などの非対称こま分子でも，分子分配関数を表す(6・19)式あるいは(6・23)式の自然対数をとると，同じ(6・41)式が得られる．そうすると，どのような非直線分子の回転エネルギーの平均値も，

$$\langle E_{回転} \rangle = \frac{3}{2}RT \tag{6・42}$$

となる．したがって，非直線分子の回転運動のモル熱容量に対する寄与は，(6・42)式を温度 T で偏微分して，

$$C_{回転} = \frac{3}{2}R \tag{6・43}$$

となる．直線分子では回転運動の自由度が2なので，モル熱容量に対する寄与

が$2 \times (1/2)R = R$であり，非直線分子では回転運動の自由度が3なので$3 \times (1/2)R = (3/2)R$になると考えればよい．直線分子のモル熱容量は並進運動と回転運動をあわせて$(5/2)R$であり，非直線分子では$3R$である（表6・3）．

表 6・3　並進運動と回転運動のモル熱容量 C_v に対する寄与

分 子	$C_{並進}$	$C_{回転}$	合 計
単原子分子	$(3/2)R$	0	$(3/2)R$
二原子分子 } 直線分子 }	$(3/2)R$	$(2/2)R$	$(5/2)R$
非直線分子	$(3/2)R$	$(3/2)R$	$(6/2)R$

　振動運動のモル熱容量に対する寄与は並進運動，回転運動と異なり，温度に依存する．また，分子によって基本振動数が異なるから，分子の種類にも依存する．振動エネルギーの平均値$\langle E_{振動} \rangle$は(6・34)式で与えられている．(6・34)式を温度Tで偏微分すると，

$$C_{振動} = R \sum_i \left(\frac{\Theta_{振動(i)}}{T} \right)^2 \frac{\exp(-\Theta_{振動(i)}/T)}{\{1-\exp(-\Theta_{振動(i)}/T)\}^2} \qquad (6・44)$$

となる．それぞれの基準振動のモル熱容量に対する寄与は(5・51)式で与えられているから，すべての基準振動について総和をとったと考えればよい．

　例として，CH_4分子のそれぞれの基準振動のモル熱容量 C_v に対する寄与の温度依存性を図6・3に示す〔並進運動の寄与と回転運動の寄与は温度依存性がな

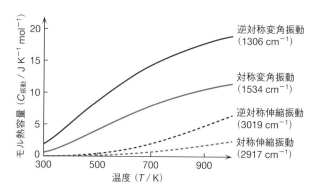

図 6・3　CH_4分子のそれぞれの基準振動のモル熱容量 $C_{振動}$ に対する寄与（温度依存性）

いので省略〕．逆対称変角振動と対称変角振動のモル熱容量に対する寄与は室温付近では小さく，温度が高くなると大きくなる．一方，基本振動数の高い対称伸縮振動と逆対称伸縮振動のモル熱容量 C_V に対する寄与は，室温付近ではほとんど 0 である．しかし，500 K 以上の温度になると，変角振動と同様に寄与が少しずつ大きくなる．なお，縮重度を考慮して対称変角振動は 2 倍にし，逆対称変角振動と逆対称伸縮振動は 3 倍にして計算した．

章末問題

6・1　同じ平衡状態で，一片の長さが ℓ の立方体の容器の中で運動する CH_4 分子と NH_3 分子を考える．並進運動の分子分配関数はどちらが大きいか．

6・2　CO_2 分子の主慣性モーメントの値（表 6・1）から回転温度を計算して，確認せよ．ただし，プランク定数 h を 6.6261×10^{-34} J s，ボルツマン定数 k_B を 1.3806×10^{-23} J K^{-1} とする．

6・3　N_2O 分子と NO_2 分子の形を調べ，それぞれの回転対称数 σ を答えよ．

6・4　CH_2D_2 分子の回転対称数 σ を答えよ．

6・5　CH_4 分子と CD_4 分子ではどちらの回転温度が高いか．

6・6　300 K で，NH_3 分子の回転運動の分子分配関数の値を求めよ．必要な定数は表 6・1 の値を用いよ．

6・7　CO_2 分子の変角振動の振動温度を計算して，表 6・2 の値を確認せよ．ただし，真空中の光速 c を 2.9979×10^{10} cm s^{-1}，プランク定数 h を 6.6261×10^{-34} J s，ボルツマン定数 k_B を 1.3806×10^{-23} J K^{-1} とする．

6・8　300 K で，CO_2 分子の振動運動の分子分配関数 $q_{振動}$ の値を求めよ．ただし，振動基底状態を分子分配関数のためのエネルギー固有値の基準とする．必要な定数は表 6・2 の値を用いよ．

6・9　300 K で，CO_2 分子の変角振動と逆対称伸縮振動のモル熱容量に対する寄与を計算せよ．ただし，モル気体定数 R を 8.3145 J K^{-1} mol^{-1} とする．

6・10　前問で，温度を 2 倍の 600 K にすると，それぞれの振動の寄与は 300 K の何倍になるか．

7

実在気体の状態方程式

実在気体の圧力，温度，体積の関係は，理想気体の状態方程式とは異なる．理想気体とどのくらい異なるかを見積もるためには，圧縮因子を調べるとよい．実在気体では，分子間の相互作用や分子の体積を考慮したファンデルワールスの状態方程式が成り立つ．それぞれの分子のファンデルワールス定数を臨界定数から導くことができる．

7・1　実在気体と理想気体の違い

1章では，理想気体の圧力，温度，体積と，それらの関係を表す状態方程式について説明した．理想気体というのは，気体を構成する分子間に相互作用がなく，また，個々の分子の体積を無視できる気体のことである．しかし，実在気体では，たとえ貴ガスのような不活性な単原子分子であっても，分子間に引力ははたらくし，分子の体積は0ではない．その結果，実在気体では，理想気体の状態方程式〔(1・14)式あるいは(1・15)式〕が成り立たない．ただし，圧力Pが0に近い状態，そして，モル体積V_mが無限大に近い状態の気体では，近似的に理想気体とみなすことができる（§1・4参照）．モル体積V_mが無限大になれば，分子間距離も無限大になるので，分子間に引力ははたらかず，また，個々の分子の体積はモル体積V_mに比べて無視できるという意味である．

分子間の引力や，分子の体積を考慮した実在気体の状態方程式の一つが，ファンデルワールスの状態方程式である．モル体積V_mを使って式で表すと，

$$\left(P+\frac{a}{V_m{}^2}\right)(V_m-b) = RT \qquad (7・1)$$

となる．これを変形して整理すると，

$$P = -\frac{a}{V_m{}^2} + \frac{RT}{V_m-b} \qquad (7・2)$$

となる．aとbはファンデルワールス定数とよばれ，気体の種類に依存する．もちろん，$a=b=0$ならば，理想気体の状態方程式(1・14)が成り立つ．

7・2　ファンデルワールス定数の物理的意味

　(7・2)式の第1項の a は，分子間の引力による影響の補正を表す．すでに
§1・2で説明したように，圧力は分子が壁との衝突によって与える運動量に関
係する．同じ体積で，分子の速度が低ければ圧力は低くなり，速度が高ければ
圧力は高くなる（図2・1参照）．もしも，分子間に引力があると，壁に衝突し
ようとする分子は，ほかの分子に引っ張られて減速する（図7・1）．つまり，圧
力が低くなる．(7・2)式の第1項の負の符号は，圧力が分子間の引力によって
低くなることを意味する．数密度 ρ（単位体積あたりの分子数 $N_A V_m^{-1}$）が増え
れば，2個の分子間の距離は短くなり，分子間の引力は大きくなる．また，2個
の分子の間にはたらく引力を考えているので，それぞれの分子についての数密
度を考える必要がある．したがって，圧力は(7・2)式の第1項の $(V_m^{-1})^2$ に比
例して低くなる．比例定数の a は，分子間の引力が大きい気体では大きな値と
なり，分子間の引力が小さな気体では小さな値となる．

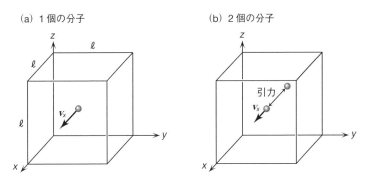

図 7・1　分子間の引力の圧力への影響

　代表的な分子のファンデルワールス定数を表7・1に示す．貴ガスの定数 a は
原子番号が大きくなるにつれて大きくなる．

$$\mathrm{He} < \mathrm{Ne} < \mathrm{Ar} < \mathrm{Kr} \tag{7・3}$$

原子番号が大きくなって電子の数が増えると，電気的な偏りができやすく，分
子間の相互作用が大きくなると考えればよい．たとえば，He原子はほとんど化
合物をつくらないが，Kr原子は二フッ化クリプトン KrF_2 などのフッ化物の存
在が確認されている．また，CH_4 分子の形は対称性がよく，永久電気双極子モー
メントがないが（II巻15章参照），NH_3 分子には非共有電子対があり，永久電

気双極子モーメントもある (II 巻 16 章参照). したがって, CH_4 分子よりも NH_3 分子のほうが分子間の引力が大きいと考えられ, その結果, ファンデルワールス定数 a も大きくなる. 分子間の相互作用にはさまざまなものがあるので, 8 章で詳しく説明する.

表 7・1　代表的な分子のファンデルワールス定数[†]

分子	$a/dm^6\,atm\,mol^{-2}$	$b/dm^3\,mol^{-1}$	分子	$a/dm^6\,atm\,mol^{-2}$	$b/dm^3\,mol^{-1}$
He	0.0341	0.0237	CO_2	3.604	0.0428
Ne	0.214	0.0174	H_2O	5.464	0.0305
Ar	1.332	0.0318	NH_3	4.250	0.0379
Kr	2.255	0.0387	CH_4	2.272	0.0431
H_2	0.243	0.0267	C_2H_6	5.507	0.0651
N_2	1.348	0.0386	C_3H_8	9.272	0.0905
O_2	1.337	0.0312	C_4H_{10}	13.71	0.1164

†　表 7・2 の値から計算. 79 ページの脚注を参照.

　(7・2)式の第 2 項の b は分子の体積に関する補正である. すでに述べたように, 理想気体は分子の体積が無限に小さいと仮定している. 実際の分子には, これ以上は互いに近づけないという空間がある. したがって, 実際の分子が自由に運動できる空間は, 気体の体積 V_m よりも少ないはずである. そのための補正が(7・2)式の第 2 項の b であり, V_m に対して負の符号がついている. 定数 b は体積の大きな分子では大きな値となり, 体積の小さな分子では小さな値となる. たとえば, 表 7・1 の飽和炭化水素の b を比べると,

$$CH_4\,(\text{メタン}) < C_2H_6\,(\text{エタン}) < C_3H_8\,(\text{プロパン}) \qquad (7・4)$$

の順番で大きくなる. C 原子の数が多くなるにつれて, 分子全体の体積が大きくなることは容易に想像できる. なお, (7・2)式の第 1 項の V_m も V_m-b と書くべきであるが, $V_m \gg b$ なので次のように近似している.

$$(V_m-b)^2 \approx V_m^2 \qquad (7・5)$$

7・3　圧 縮 因 子

　圧力が高くなると, 実在気体の性質は理想気体からずれる. 実在気体の状態方程式が, 理想気体からどのくらいずれているかを調べてみよう. もしも, 理想気体の状態方程式(1・14)が成り立つとすれば,

$$Z = \frac{PV_{\mathrm{m}}}{RT} \qquad (7 \cdot 6)$$

で定義される Z は 1 になるはずである．Z のことを圧縮因子という（全衝突頻度とは無関係）．しかし，温度 T を一定にして，圧力 P を変えながら実在気体のモル体積 V_{m} を測定すると，圧力が 1 atm よりも極端に高い領域で，圧縮因子 Z は 1 から大きくずれる．300 K の一定の温度で，ヘリウムとメタンの圧縮因子 Z の圧力依存性を図 7・2 に示す*．ヘリウムでは，圧力が高くなるにしたがって 1 から大きな値にずれる．一方，メタンでは，圧力が高くなると，始めは 1 よりも小さな値になるが，その後，1 よりも大きな値になる．実在気体の圧縮因子がこのような複雑な変化を示す理由も，ファンデルワールスの状態方程式(7・2)を使って，以下のように説明できる．

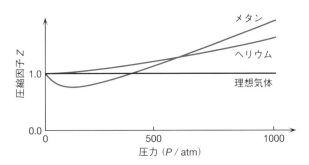

図 7・2 　理想気体と実在気体の圧縮因子 Z の圧力依存性　(300 K)

圧縮因子 Z を表す(7・6)式の圧力 P に，ファンデルワールスの状態方程式(7・2)を代入すると，

$$Z = \frac{PV_{\mathrm{m}}}{RT} = -\frac{a}{V_{\mathrm{m}}RT} + \frac{1}{1-b/V_{\mathrm{m}}} \qquad (7 \cdot 7)$$

となる．もちろん，理想気体では $a = b = 0$ だから，(7・7)式の第 1 項は 0，第 2 項は 1 になる．実在気体では，一定の温度でモル体積 V_{m} が大きい場合，つまり圧力 P が小さい場合には，第 2 項は $1 \gg b/V_{\mathrm{m}}$ だから第 1 項の寄与のほうが大きい．すなわち，ファンデルワールス定数 b よりも a の影響が大きい．そし

---

* 　1 atm 以下の圧力で，実在気体が理想気体からどのくらいずれるかについては図 1・4 を参照．ただし，図 1・4 の温度は $T = 273.15$ K $(0\,°C)$ である．図 1・4 の縦軸の目盛は $RT \approx 0.082\,057 \times 273.15 \approx 22.414$ dm^3 atm mol^{-1} で割り算すれば，圧縮因子 Z となる．

て，圧力がしだいに高くなるにつれて，つまり，V_m が小さくなるにつれて，第2項の b/V_m の寄与が大きくなり，ファンデルワールス定数 a よりも b の影響が大きくなる．それぞれの気体によって，ファンデルワールス定数 a, b の相対的な大きさが違うので（表7・1），圧縮因子 Z の圧力依存性には分子の種類による違いが現れる（図7・2参照）．

たとえば，メタンの a は b よりも桁違いに大きい．したがって，圧力が小さい（V_m が大きい）場合には，(7・7)式の第1項の寄与が大きくなり，符号が負なので，理想気体の1よりも小さな値となる．また，圧力が大きい（V_m が小さい）場合には，第2項の寄与が大きくなり，1よりも大きな値となる（分母の $1-b/V_m$ が1よりも小さくなるという意味）．一方，ヘリウムでは a と b の値はほとんど変わらない．そうすると，第2項の寄与は第1項に比べて大きいので，300 K では圧縮因子は理想気体の1よりも大きな値となる（章末問題7・6）．ただし，もしも，温度 T が 20 K ぐらいまで低くなると，第1項の寄与が大きくなり，わずかであるが，ヘリウムの圧縮因子は1よりも小さくなる．

(7・7)式で b/V_m を x とおくと，第2項は $(1-x)^{-1}$ と表される．x の値はほとんど0なので，これをマクローリン展開すると（II巻§1・4脚注参照），

$$(1-x)^{-1} = 1 + x + x^2 + \cdots \tag{7・8}$$

となる〔(5・32)式も参照〕．したがって，(7・7)式は，

$$\begin{aligned}
Z &= -\frac{a}{V_m RT} + 1 + \frac{b}{V_m} + \left(\frac{b}{V_m}\right)^2 + \cdots \\
&= 1 + \left(b - \frac{a}{RT}\right)\frac{1}{V_m} + b^2\left(\frac{1}{V_m}\right)^2 + \cdots \\
&= 1 + B_{2v}\frac{1}{V_m} + B_{3v}\left(\frac{1}{V_m}\right)^2 + \cdots
\end{aligned} \tag{7・9}$$

となる．(7・9)式は圧縮因子を $1/V_m$ の多項式で展開した式である．第2項の係数 B_{2v}（$= b - a/RT$）を第2ビリアル係数，第3項の係数 B_{3v}（$= b_2$）を第3ビリアル係数という．添え字の v は圧縮因子を体積に関する多項式で展開したことを表す*．

ある一定の温度 T で，モル体積 V_m（あるいは圧力 P）を少しずつ変化させ，圧縮因子 Z を測定し，第2ビリアル係数 B_{2v} を求める．さまざまな温度 T で求

---

* 圧縮因子を圧力 P の多項式で展開した場合には，ビリアル係数を B_{2p}, B_{3p}… と表す．(7・9)式は $Z = 1 + B_{2p}P + B_{3p}P^2 + \cdots$ となる．$B_{2v} = RTB_{2p}$ の関係がある．

めた第2ビリアル係数 B_{2v} は，次のように温度の逆数の関数になる.

$$B_{2v} = b - \frac{a}{R}\frac{1}{T} \tag{7・10}$$

したがって，縦軸に B_{2v} の値をとり，横軸に温度の逆数 $1/T$ をとると，測定値は直線で近似できる．温度範囲 280 K（$1/T \approx 0.0036\ \text{K}^{-1}$）から 1000 K（$1/T \approx 0.001\ \text{K}^{-1}$）まで測定したアルゴンの B_{2v} の値を図7・3の黒丸で示す.

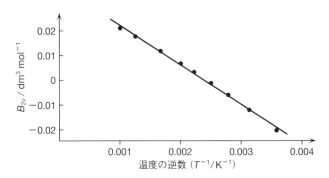

図 7・3　アルゴンの第2ビリアル係数 B_{2v} の温度依存性

B_{2v} は $1/T$ に対して直線で近似できて，最小二乗法による近似式は，

$$B_{2v} = 0.0382 - 15.97\frac{1}{T} \tag{7・11}$$

となる．したがって，(7・10)式との比較から，

$$a \approx 15.97 \times 0.082\,057 \approx 1.310\ \text{dm}^6\,\text{atm}\,\text{mol}^{-2} \tag{7・12}$$
$$b = 0.0382\ \text{dm}^3\,\text{mol}^{-1} \tag{7・13}$$

が得られる．表7・1に掲載したアルゴンのファンデルワールス定数は $a = 1.332\ \text{dm}^6\,\text{atm}\,\text{mol}^{-2}$，$b = 0.0318\ \text{dm}^3\,\text{mol}^{-1}$ であり，だいたい一致する．なお，第2ビリアル係数が0になる温度をボイル温度（$T = a/Rb$）という．(7・9)式で，第3項以降は第2項に比べて無視できると仮定し，第2項を0とおくと，ボイル温度での圧縮因子 Z は1になる．つまり，ボイル温度では実在気体を理想気体とみなすことができる.

7・4　実在気体の液化

　理想気体の状態方程式(1・14)が成り立つとすると，温度が一定の条件で，

圧力と体積は反比例の関係にある（§1・4 ボイルの法則を参照）.

$$P = \frac{RT}{V_{\mathrm{m}}} \qquad\qquad (7 \cdot 14)$$

ある一定の温度 T で縦軸に圧力 P をとり，横軸にモル体積 V_{m} をとると，$xy =$ 定数 の反比例のグラフとなる．つまり，モル体積が小さくなると，圧力は必ず高くなる．しかし，ファンデルワールスの状態方程式(7・2)では，モル体積が小さくなるにしたがって，圧力は高くなったり低くなったりする．図7・4には，0℃（273.15 K）から 50℃（323.15 K）の温度範囲で，二酸化炭素の圧力 P とモル体積 V_{m} の関係（表7・1の定数を使った計算値）を示した．モル体積 V_{m} が 0.1 dm³ mol⁻¹ 付近で，圧力は下がる．ただし，実際の二酸化炭素が(7・2)式に従って，このように変化することはない．以下で説明するように液化の現象が起こるからである（相変化については Ⅳ 巻7章で詳しく説明する）.

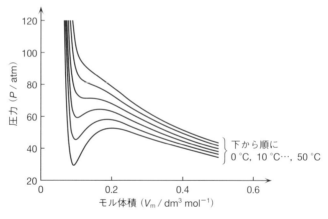

図 7・4　二酸化炭素の圧力 P とモル体積 V_{m} の関係（計算値）

　たとえば，0℃で温度が一定の場合の実際の変化を調べてみよう（図7・5)*. モル体積 V_{m} を A 点から小さくしていくと（グラフで左に向かうと），圧力 P はしだいに大きくなる（グラフで上に向かう）．これは理想気体の場合（反比例の関係）と同じである．しかし，B 点になると，理想気体とは異なる現象が起こる．理想気体ではモル体積をいくら小さくしても気体であると考えたが，実在気体では液化が起こる．同じ物質量の液体の体積は気体の体積に比べて小さい

---

　*　図7・4の計算結果を使って説明するので，実験結果とは少しずれる.

ので[1]，一部の気体が液体になることによって，気体の圧力は一定のままに保たれる．つまり，図7・5のグラフでは水平線になる（曲線と水平線 BC の囲む領域の面積と，曲線と水平線 CD の囲む面積は等しい．これをマクスウェルの等面積構図という）．水平線とグラフが交わる D 点では，すべての気体が液体となる．したがって，D 点でのモル体積が二酸化炭素の液体のモル体積に相当する．さらに，モル体積を小さくすると，圧力は急激に大きくなる．逆にいうと，液体にかかる圧力を大きく変えても，モル体積はあまり変わらない．

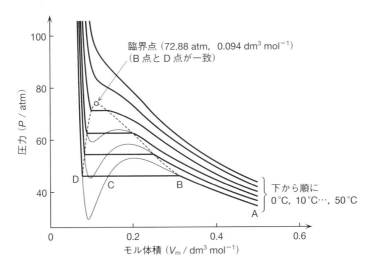

図 7・5　二酸化炭素の圧力 P とモル体積 V_m の関係（液化を考慮）

　温度を0℃より高くして同様の実験を行うと，液化が始まる B 点と，液化が終わる D 点の圧力はしだいに高くなる．また，B 点のモル体積はしだいに小さくなり（左に向かい），D 点のモル体積はしだいに大きくなり（右に向かい），やがて B 点と D 点は一致する．さらに温度を高くして40℃の温度一定の場合には，A 点からモル体積 V_m を小さくしても液化が起こらない．B 点と D 点が一致する点を臨界点という[2]．また，臨界点の圧力，温度，体積を臨界圧力 P_c，臨界温度 T_c，臨界体積 V_c という（総称して臨界定数）．添え字の c は critical

---

*1　1 atm，20℃で，1 mol の二酸化炭素の気体の体積は，液体の約 400 倍である．
*2　臨界温度と臨界圧力を超えた物質の状態を超臨界状態という．超臨界水や超臨界二酸化炭素が有名である．通常では溶けないような物質でも溶かすことができ，超臨界状態の物質は化学反応の溶媒としても用いられている．

（臨界の）の頭文字を表す．代表的な気体の臨界定数を表7・2に示す．

表 7・2　代表的な気体の臨界定数

気体	T_c/K	P_c/atm	$V_c/dm^3\,mol^{-1}$	気体	T_c/K	P_c/atm	$V_c/dm^3\,mol^{-1}$
He	5.195	2.245	0.0578	CO_2	304.1	72.88	0.0940
Ne	44.42	26.21	0.0417	H_2O	647.1	217.7	0.0559
Ar	151.0	48.64	0.0753	NH_3	405.3	109.8	0.0725
Kr	210.6	55.88	0.0922	CH_4	190.5	45.38	0.099
H_2	32.94	12.67	0.0650	C_2H_6	305.3	48.08	0.148
N_2	126.2	33.56	0.0901	C_3H_8	369.9	41.92	0.203
O_2	154.6	50.77	0.0764	C_4H_{10}	425.2	37.46	0.255

7・5　臨界定数とファンデルワールス定数

　図7・5をみるとわかるように，臨界圧力，臨界体積はファンデルワールスの状態方程式の変曲点である．変曲点というのは，グラフで下向きの凹部分が上向きの凸部分に変わる点，つまり，曲率の符号が変わる点のことである．たとえば，$y = -x^3$ のグラフを考えてみるとよい（図7・6）．この場合には $x < 0$ で下向きの凹部分（曲率の符号が正），$x > 0$ で上向きの凸部分（曲率の符号が負）になる．したがって，原点が変曲点（特に停留点ともいう）になる．変曲点では，一次微分 dy/dx（傾き）も二次微分 d^2y/dx^2（曲率）も0になる．

　そうすると，臨界点はファンデルワールスの方程式(7・2)の変曲点だから，次の条件式が成り立つ．

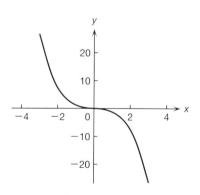

図 7・6　$y = -x^3$ のグラフ（原点が変曲点になる）

$$\frac{\partial P}{\partial V_m} = 2\frac{a}{V_m{}^3} - \frac{RT}{(V_m-b)^2} = 0 \tag{7・15}$$

$$\frac{\partial^2 P}{\partial V_m{}^2} = -6\frac{a}{V_m{}^4} + 2\frac{RT}{(V_m-b)^3} = 0 \tag{7・16}$$

(7・15)式より,

$$2a(V_c-b)^2 = RT_c V_c^3 \tag{7・17}$$

となる.これは臨界点における条件式なので,V_m と T を臨界定数 V_c と T_c に置き換えた.また,(7・16)式より,次の条件式が得られる.

$$3a(V_c-b)^3 = RT_c V_c^4 \tag{7・18}$$

(7・17)式の両辺に V_c を掛け算して,(7・18)式に代入すると,

$$3(V_c-b) = 2V_c \tag{7・19}$$

となり,したがって,$V_c = 3b$ が得られる.これを(7・17)式に代入すると,

$$T_c = \frac{8a}{27Rb} \tag{7・20}$$

が得られる.また,$V_c = 3b$ を(7・2)式に代入して,(7・20)式を利用すると,

$$P_c = -\frac{a}{9b^2} + \frac{RT_c}{2b} = -\frac{a}{9b^2} + \frac{4a}{27b^2} = \frac{a}{27b^2} \tag{7・21}$$

が得られる.逆に,ファンデルワールス定数 a, b は,臨界定数 T_c と P_c を使って,次のように表される.

$$a = \frac{27R^2 T_c^2}{64P_c} \tag{7・22}$$

$$b = \frac{RT_c}{8P_c} \tag{7・23}$$

　表7・1に掲載したファンデルワールス定数は,表7・2の実測の臨界定数から計算した値である*.ただし,実験的に決められる臨界定数は P_c, T_c, V_c の三つである.ファンデルワールス定数は a, b の二つだから,どの二つの臨界定数を使うかによって,計算されたファンデルワールス定数は少し異なる値になる.表7・1に載せたファンデルワールス定数 a, b の値は,(7・22)式と(7・23)式を使って,P_c と T_c から計算した値である.

---

　*　第2ビリアル係数の温度依存性から,ファンデルワールス定数を求めることもできる.その場合には表7・1の値とは少し異なる.たとえば,貴ガスの定数 b は,He (0.021 dm³ mol⁻¹) < Ne (0.026 dm³ mol⁻¹) となる.

章末問題

（モル気体定数 R を $0.082\,057\ \mathrm{dm^3\,atm\,K^{-1}\,mol^{-1}}$ とする）

7・1　1 mol の窒素を理想気体とすると，300 K（27℃），24.615 dm³ での圧力（単位は atm）を計算せよ．600 K ではどうなるか．

7・2　前問で，窒素を実在気体とすると，圧力はどうなるか．表 7・1 のファンデルワールス定数を用いよ．

7・3　表 7・1 の飽和炭化水素の沸点を調べ，ファンデルワールス定数 a の関係を定性的に答えよ．

7・4　300 K で，1 mol のアルゴンの体積が 24 dm³ とする．アルゴンを実在気体として圧縮因子を計算せよ．ファンデルワールス定数は表 7・1 の値を用いよ．

7・5　圧力 P が 0 atm に近づくと，(7・7)式の圧縮因子はどうなるか．

7・6　(7・2)式と表 7・1 の値を使って，300 K でヘリウムのモル体積が 1 dm³ のときの圧力を計算せよ．圧縮因子を求めて，理想気体の 1 よりも大きいことを確認せよ．

7・7　(7・2)式と表 7・1 の値を使って，300 K でメタンのモル体積が 1 dm³ のときの圧力を計算せよ．圧縮因子を求めて，理想気体の 1 よりも小さいことを確認せよ．

7・8　表 7・1 のファンデルワールス定数を使って，アルゴンのボイル温度を計算せよ．

7・9　ファンデルワールスの状態方程式について，臨界定数の比 P_cV_c/RT_c が，気体の種類に依存せずに，3/8 になることを確認せよ．

7・10　$y=-x^3$ のグラフで，原点が変曲点であることを確認せよ．

8

分子間相互作用

分子間力によるポテンシャルエネルギーは，レナード・ジョーンズの式で近似できる．ポテンシャルエネルギーが最も低くなる分子間距離の半分を，ファンデルワールス半径という．ここでは分子間相互作用として，永久電気双極子モーメントや誘起電気双極子モーメントの相互作用によってうまれる配向力，分散力，誘起力について説明する．

8・1 分子間力によるポテンシャルエネルギー

§7・1で述べたように，不活性な貴ガスでも分子間に相互作用がある．相互作用のおかげで，貴ガスは温度を下げると固体（結晶）になる．つまり，分子間の距離が無限大から短くなるにつれて，分子間の引力によってポテンシャルエネルギーは低くなって安定になる．ポテンシャルエネルギーが最も低い場合の分子間距離の半分を，分子のファンデルワールス半径という．2個の分子をその距離よりもさらに近づけると，反発力がはたらいて，ポテンシャルエネルギーは急激に高くなり，不安定となる．このような分子間力によるポテンシャルエネルギーを模式的に描くと，図8・1のようになる．なお，2個の分子が無限の距離に離れていて，分子間の相互作用のない状態のポテンシャルエネルギーを基準の0とした．図8・1は2個のH原子が無限の距離から近づいてH₂

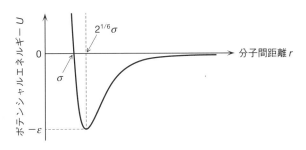

図 8・1　2個の貴ガス原子の分子間力によるポテンシャル

分子になる場合のポテンシャルエネルギーと似ている（Ⅱ巻の図4・3参照）.

図8・1のポテンシャルエネルギー U は，分子間距離 r の関数として，

$$U(r) = 4\varepsilon\left\{\left(\frac{\sigma}{r}\right)^{12} - \left(\frac{\sigma}{r}\right)^{6}\right\} \qquad (8\cdot1)$$

と表すことができる. これをレナード・ジョーンズポテンシャルという. 第1項は正の符号で r^{12} 乗に反比例し，第2項は負の符号で r^{6} に反比例する. したがって，第1項は分子間距離が0付近で第2項よりも寄与が大きく，符号が正だから，反発力によってポテンシャルエネルギーが急激に増大することを表す. 一方，第2項は分子間距離が無限大からある距離に近づくまで，第1項よりも寄与が大きく，符号が負だから，引力によってポテンシャルエネルギーが減少する（安定化する）ことを表す. ε と σ は分子の種類によって異なる定数であり，レナード・ジョーンズ定数という.

定数 ε はポテンシャルエネルギーの最小値の大きさ（正の値）を表す. 実際に，(8・1)式を分子間距離 r で微分して0とおくと，

$$\frac{U(r)}{dr} = 4\varepsilon\left\{-12\sigma^{12}\left(\frac{1}{r}\right)^{13} + 6\sigma^{6}\left(\frac{1}{r}\right)^{7}\right\} = 0 \qquad (8\cdot2)$$

となるから，

$$\frac{\sigma}{r} = \frac{1}{2^{1/6}} \qquad (8\cdot3)$$

が得られる. これを(8・1)式に代入すると，

$$U(r) = 4\varepsilon\left(\frac{1}{2^{2}} - \frac{1}{2^{1}}\right) = -\varepsilon \qquad (8\cdot4)$$

となる. したがって，$-\varepsilon$ がポテンシャルエネルギーの最小値を表す（図8・1参照）. あるいは，ε が二原子分子の結合エネルギーや解離エネルギーの大きさ D_e に相当する（図5・2参照）. 一方，定数 σ は，ポテンシャルエネルギーが基準（分子間距離が無限大）の0と同じになるときの分子間距離を表す. 確かに(8・1)式で $r = \sigma$ とおくと $U(r) = 0$ となる（図8・1）. $r < \sigma$ ではポテンシャルエネルギーが正となって不安定になるから，σ は2個の分子がこれ以上近づけない分子間距離を表す. これは§3・4で説明した衝突直径に相当する. また，ポテンシャルエネルギーの最小値を示す分子間距離（ファンデルワールス半径の2倍）は，(8・3)式より $2^{1/6}\sigma$ となる. 電荷の偏りが小さく，(8・1)式で近似できる代表的な分子の ε と σ を表8・1に示す. エネルギー ε については，

表 8・1 代表的な分子のレナード・ジョーンズ定数

分子	$(\varepsilon/k_B)/K$	$\sigma/pm^{\dagger}$	分子	$(\varepsilon/k_B)/K$	$\sigma/pm^{\dagger}$
He	10.2	255	O_2	107	347
Ne	32.8	282	CO_2	195	394
Ar	93.3	354	CH_4	149	376
Kr	179	366	C_2H_6	216	444
H_2	59.7	283	C_3H_8	237	512
N_2	71.4	380	C_4H_{10}	341	469

† 1 pm $= 1 \times 10^{-12}$ m.

ボルツマン定数 k_B で割り算した値(単位は K となる)を示した(章末問題 8・2).H_2O 分子や NH_3 分子などは水素結合のために,(8・1)式で近似できない.

貴ガス原子では,原子番号が大きくなるにつれて ε も σ も大きくなる.すでに §7・2 で説明したファンデルワールス定数 a, b と同様に,分子間の相互作用が大きくなると ε は大きくなり(ポテンシャルエネルギーは下がり),原子が大きくなると σ も大きくなる.原子番号が大きくなるにつれて,原子に含まれる電子の数も増えるからである.

8・2 ファンデルワールス半径

ファンデルワールス半径は固体の結晶の体積から求めることができる.ヘリウムの結晶は六方最密充填(hexagonal closet packing: hcp)構造,ヘリウム以外の貴ガスの結晶は立方最密充填(cubic closest packing: ccp)構造をとる.最密充填というのは,原子を剛体球と考えたときに,最も隙間がないように球と球を立体的にくっつけることである(図 8・2).平面内で,3 個の球をできるだけ隙間ができないように近づけると,球の中心は正三角形をつくる.これを 1 段目の球 A とすると,2 段目の球 B は隙間ができるだけ少なくなるように,1 段目の球 A がつくる正三角形の中心の上(最も低い位置)に乗る.3 段目の球は 2 段目の球がつくる正三角形の中心に乗ることになるが,その方法には二つある.一つは 1 段目の球 A の真上にある配置であり,もう一つは 1 段目の球の真上にはない配置である(球 C).A–B–A–B– と繰返す配置を六方最密充填構造といい,A–B–C–A–B–C– と繰返す配置を立方最密充填構造という.いずれの場合も隙間の体積は同じであり,ともに最密充填である.

結晶はいくつかの分子が同じ配置を繰返してできている.同じ繰返しの配置

の最小単位のことを単位格子という．図8・2の右側に示すように，六方最密充
填構造では，1段目と3段目の球が，正六角柱の頂点と正六角形の中心に配置
される（球の配置をわかりやすくするために，球の半径を小さくして示した）．
正六角柱は三つの同じひし形柱からできていて，ひし形柱の中心にも球が配置
される．このひし形柱が単位格子となる．単位格子は辺の長さ（格子定数とい
う）によって大きさが定義され，ひし形柱は高さとひし形の辺の長さの二つの
格子定数で定義される．一方，立方最密充填構造の単位格子は，面心立方格子
（face center cubic：fcc）である．面心立方格子では，立方体の各頂点と各面の
中心に球が配置される〔図8・2(b)〕．面心立方格子のある頂点Aと反対側の頂
点Aを結んだ方向（A－A軸方向）から眺めると，立方最密充填構造がみえて
くる．単位格子の体積はX線回折の実験や中性子回折の実験*によって決定で
きる．面心立方格子の格子定数は立方体の辺の長さの1種類だから，単位格子
の体積から格子定数を容易に計算できる．

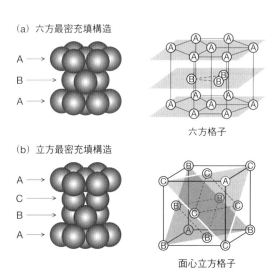

(a) 六方最密充填構造

A →
B →
A →

六方格子

(b) 立方最密充填構造

A →
C →
B →
A →

面心立方格子

図 8・2　最密充填構造と単位格子

　実験で求められた貴ガス原子のファンデルワールス半径を表8・2に示す．原
子番号が大きくなるにつれて，ファンデルワールス半径は大きくなる．原子番

* 実験法については，中田宗隆著，“なっとくする機器分析”，講談社サイエンティフィク（2007）
　を参照．

号が大きくなれば，原子に含まれる電子の数が増え，原子核の中心から離れた位置の存在確率が大きい原子軌道（主量子数 n が大きい軌道）に，電子が配置されるからである（I巻参照）．また，表8・1に示したレナード・ジョーンズ定数 σ の値に，$2^{1/6} \approx 1.122$ を掛け算した値が分子間距離だから，その値を2で割り算すれば，およそのファンデルワールス半径と一致する．

表 8・2　貴ガス原子のファンデルワールス半径

原子	実験値/pm	計算値[†]/pm	原子	実験値/pm	計算値[†]/pm
He	140	143	Ar	188	198
Ne	154	158	Kr	202	205

† 表8・1のレナード・ジョーンズ定数 σ から計算．$1 \text{ pm} = 1 \times 10^{-12} \text{ m}$．

8・3　永久電気双極子-永久電気双極子の相互作用（配向力）

　磁石には磁気モーメントがある．N極とS極が対になっているので，磁気双極子モーメントという（ベクトルで表す）．方向はS極からN極に向かって定義される（I巻§6・3参照）．2個の磁石を近づけると，相互作用によって安定な配置と不安定な配置ができる（図8・3）．一方の磁石がつくる磁力線によって，もう一方の磁石が影響を受けると考えればよい．2個の磁石が縦で並んでいる場合（並列）には，磁石の向き（磁気双極子モーメント $\Longrightarrow$ の向き）が逆になると安定であり，同じになると不安定になる．横で並んでいる場合（直列）には，磁石の向きが同じになると安定になる．ただし，近づくことのできる磁石の中心距離 r が並列と直列では異なり，相互作用の大きさも異なる．

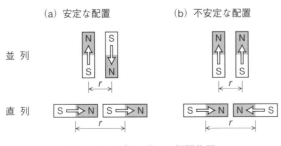

図 8・3　2個の磁石の相互作用

　磁気双極子モーメントではなく，電気双極子モーメントの場合も同様である．

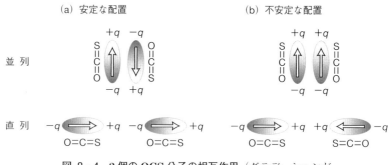

図 8・4　2個の OCS 分子の相互作用（グラデーションが
電子の存在確率を模式的に表す）

たとえば，直線分子である二酸化炭素の片方の O 原子が S 原子で置換された
OCS 分子（硫化カルボニル）では，O 原子のほうが S 原子よりも電気陰性度が
大きいので，結合に関与する電子をより強く引っ張る．その結果，O 原子は少
し負の電荷（$-q$）をもち，S 原子は少し正の電荷（$+q$）をもつ〔単位は C
（クーロン）〕．電気双極子モーメント μ もベクトルであり，負の電荷から正の電
荷に向かって定義される．電荷の偏りが距離 R（モル気体定数とは無関係）だ
け離れていれば，電気双極子モーメントの大きさ μ は qR となる（Ⅱ巻§2・3
参照）．OCS 分子では常に電気双極子モーメントがあるので，永久電気双極子
モーメント（⟹）という．磁気双極子モーメントと同様に，電気双極子モー
メントにも安定な配置と不安定な配置があり，また，並列と直列の配置がある
（図8・4）．代表的な分子の永久電気双極子モーメントの値を表8・3に示す．
単位の D（デバイ）は 1 D ≈ 3.335640952×10^{-30} C m である．

表 8・3　代表的な分子の永久電気双極子モーメントの大きさ

分子	μ/D	分子	μ/D	分子	μ/D
HF	1.827	HCN	2.985	CO	0.110
HCl	1.109	CH_4	0.000	CO_2	0.000
HBr	0.827	NH_3	1.472	OCS	0.715
HI	0.448	H_2O	1.855	OCSe	0.754

　次に，正の点電荷と負の点電荷の間にはたらく静電引力によるポテンシャル
エネルギーを考える．正の点電荷と負の点電荷の場合には相対的な位置関係が

決まっていて，たとえば，H 原子の陽子と電子の静電引力によるポテンシャル
エネルギーは，粒子間の距離 r に反比例して，

$$U(r) = -\frac{e^2}{4\pi\varepsilon_0 r} \qquad (8\cdot5)$$

で表される〔I 巻(2・7)式〕．ここで，陽子の電荷も電子の電荷も，大きさは電気
素量 e である（表 1・2 参照）．なお，$4\pi\varepsilon_0$ は単位をエネルギーに換算するための
係数であり，気にする必要はない（ε_0 は真空の誘電率．単位は $C^2\,s^2\,kg^{-1}\,m^{-3}$）．

　二つの点電荷の相互作用に比べて，二つの永久電気双極子モーメントの相互
作用はとても複雑である．なぜならば，すでに述べたように，永久電気双極子
モーメントは点電荷と違ってベクトルであり，二つのベクトルの向きの相対的
な関係も考慮しなければならないからである．それぞれの分子の永久電気双極
子モーメントを $\boldsymbol{\mu}_1$ と $\boldsymbol{\mu}_2$ とし，分子間距離を r とする．また，分子 1 と分子 2
を結ぶ直線に対して，それぞれの永久電気双極子モーメントの方向が θ_1 と θ_2
の角度で傾いていたとする（図 8・5）．さらに，分子 1 と分子 2 を結ぶ直線と
$\boldsymbol{\mu}_1$ がつくる面と，直線と $\boldsymbol{\mu}_2$ がつくる面の角度（二面角）を ϕ とする．計算が
複雑なので詳しいことは省略するが[*]，永久電気双極子モーメント-永久電気双
極子モーメントの相互作用によるポテンシャルエネルギーは，分子間距離 r と
角度 θ_1，θ_2，ϕ に依存し，次のように表される．

$$U(r,\theta_1,\theta_2,\phi) = -\frac{\mu_1\mu_2}{(4\pi\varepsilon_0)r^3}(2\cos\theta_1\cos\theta_2 - \sin\theta_1\sin\theta_2\cos\phi) \quad (8\cdot6)$$

たとえば，2 個の永久電気双極子モーメントが同じ方向で直列に配置される

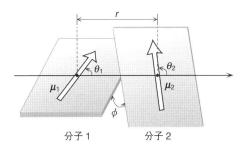

図 8・5　二つの永久電気双極子モーメントの角度の定義

---

[*]　詳しくは，たとえば，木原太郎著，"分子間力"，岩波書店（1976）参照．

場合には〔図 8・4(a)下〕, (8・6)式で $\theta_1 = \theta_2 = 0°$, $\phi = 0°$ を代入すればよい.
ポテンシャルエネルギーは,

$$U(r) = -2\frac{\mu_1\mu_2}{(4\pi\varepsilon_0)r^3} \qquad (8\cdot7)$$

となり, 符号が負だからポテンシャルエネルギーは低い. 一方, 逆の方向で
直列に配置される場合〔図 8・4(b)下〕には, (8・6)式で $\theta_1 = 0°$, $\theta_2 = 180°$,
$\phi = 0°$ を代入して, ポテンシャルエネルギーは,

$$U(r) = 2\frac{\mu_1\mu_2}{(4\pi\varepsilon_0)r^3} \qquad (8\cdot8)$$

となり, 符号が正だからポテンシャルエネルギーは高い. つまり, 同じ分子間
距離 r でも, ポテンシャルエネルギーは二つの永久電気双極子モーメントの相
対的な角度に依存する.

　気体の分子は自由に回転するから, 二つの永久電気双極子モーメントも自由
に回転し, あらゆる角度について, ポテンシャルエネルギーを平均しなければ
ならない. ただし, なりやすい相対的な角度の関係もあれば, なりにくい相対
的な角度の関係もある. たとえば, 図 8・4(b)のような不安定な位置関係の確
率はほとんどないが, 図 8・4(a)のような安定な位置関係の確率は大きい. そ
こで, ボルツマン分布則〔$\exp(-U/k_BT)$〕を参考にして ($\Delta E = U$ とおいた),
ポテンシャルエネルギーの大きさを考える. さまざまな角度 θ_1, θ_2, ϕ でのポ
テンシャルエネルギーを平均すると〔(8・6)式を $\exp(-U/k_BT)$ に代入し, 角
度に関する積分因子を掛け算して, $d\theta_1$, $d\theta_2$, $d\phi$ で積分すると〕, ポテンシャ
ルエネルギーは分子間距離 r の関数として,

$$U(r) = -\frac{2}{3k_BT}\left(\frac{\mu_1\mu_2}{4\pi\varepsilon_0}\right)^2\frac{1}{r^6} \qquad (8\cdot9)$$

となる (前ページ脚注の参考書を参照). k_B はボルツマン定数, T は熱力学温度
である. 温度が低ければ, 二つの永久電気双極子モーメントがエネルギーの高
い位置関係になる確率は小さく, ポテンシャルエネルギーは安定化する. つま
り, 温度 T は(8・9)式の分母に含まれるので, 温度 T が低くなると, $U(r)$ が
低くなる. (8・9)式は符号が負で r の 6 乗に反比例するから, これがレナー
ド・ジョーンズポテンシャル(8・1)式の第 2 項の一部を表す. このような永久
電気双極子-永久電気双極子の相互作用による引力を配向力 (ケーソムの配向
引力) という.

8・4　誘起電気双極子-誘起電気双極子の相互作用（分散力）

　それでは貴ガス原子の場合はどうなるだろうか．孤立した貴ガス原子の電子分布は等方的だから，電荷の偏りがない．しかし，もしも，貴ガス原子に別の貴ガス原子が近づくと，別の貴ガス原子の方向という異方性が現れる．電子は原子核のまわりで常に動き回っているから，瞬間的には電子の存在確率が左側に偏った状態ができる（図8・6）．つまり，左側が少し負の電荷（$-q$）をもち，右側が少し正の電荷（$+q$）をもつ状態ができる．この瞬間に，近くに別の貴ガス原子があると，その貴ガス原子の電子は左側に引き寄せられる．その結果，電気双極子モーメントをもつようになる．このようにしてできる電気双極子モーメントを誘起電気双極子モーメント（⊡⃛）という．誘起電気双極子モーメントは，どちらの貴ガス原子にも同じように誘起され，相互作用する．貴ガス原子だけでなく，どのような分子でも瞬間的に電子の存在確率は偏り，電気双極子モーメントが誘起される．

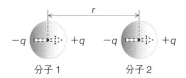

図 8・6　誘起電気双極子-誘起電気双極子の相互作用（必ず同じ方向）

　誘起電気双極子モーメントの場合も，永久電気双極子モーメントと同様に，相互作用によってポテンシャルエネルギーは下がり，安定化する．このような誘起電気双極子-誘起電気双極子の相互作用による引力を分散力（ロンドンの分散引力）という．詳しい計算過程は省略するが，種類が異なる2個の分子の場合のポテンシャルエネルギーは，次のようになる*．

$$U(r) = -\frac{3}{2}\left(\frac{I_1 I_2}{I_1+I_2}\right)\left(\frac{\alpha_1}{4\pi\varepsilon_0}\right)\left(\frac{\alpha_2}{4\pi\varepsilon_0}\right)\frac{1}{r^6} \qquad (8 \cdot 10)$$

ここで，I_1とI_2は分子1と分子2のイオン化エネルギー（Iは慣性モーメントではない），（$\alpha_1/4\pi\varepsilon_0$）と（$\alpha_2/4\pi\varepsilon_0$）は分極率体積である（単位は$m^3$）．分極率を体積で表し，分極率体積が大きいと分極率が大きいことを表す．誘起電気双極子モーメントの大きさは，分子がどのくらい分極しやすいかによって決ま

＊　詳しくは，木原太郎著，"分子間力"，岩波書店（1976）参照．電荷の偏りの極限としてイオンを考えるので，イオン化エネルギーIが関係する．

るので，それぞれの分子の分極率体積が関係する（II巻§3・1参照）.

　同じ電気双極子の相互作用なのに，誘起電気双極子モーメントの場合の(8・10)式は，永久電気双極子モーメントの場合の(8・9)式とは異なる．その理由は，誘起双極子モーメントの場合には相対的な位置関係に制限があるからである．つまり，誘起する電気双極子モーメントと誘起される電気双極子モーメントは，必ず同じ方向を向く（直列になる）．したがって，相対的な角度に関する確率 $\exp(-U/k_BT)$ を考慮する必要がなく，温度 T やボルツマン定数 k_B を含まない．ただし，(8・9)式と同様に(8・10)式の符号は負であり，分子間距離 r の6乗に反比例する．つまり，分散力によるポテンシャルエネルギーも，レナード・ジョーンズポテンシャル(8・1)式の第2項の一部を表す．

8・5　永久電気双極子–誘起電気双極子の相互作用（誘起力）

　永久電気双極子モーメントをもつ分子が，永久電気双極子モーメントをもたない分子に近づいても，電気双極子モーメントは誘起される（図8・7）．ただし，誘起電気双極子モーメントの向きは，永久電気双極子モーメントの向きに従う（必ず直列になる）．分子2の誘起電気双極子モーメントの大きさ μ_2 は，分子1の永久電気双極子モーメントの大きさ μ_1 と分子2の分極率体積 $(\alpha_2/4\pi\varepsilon_0)$ に比例する．したがって，(8・7)式からの類推で，次のようになる*.

$$U(r) = -\left(\frac{\mu_1}{4\pi\varepsilon_0}\right)\mu_1\left(\frac{\alpha_2}{4\pi\varepsilon_0}\right)\frac{1}{r^6} = -\frac{{\mu_1}^2\alpha_2}{(4\pi\varepsilon_0)^2}\frac{1}{r^6} \qquad (8\cdot11)$$

　逆に，分子2の誘起電気双極子モーメント μ_2 によって誘起される分子1の電気双極子モーメントの大きさ μ_1 は，分子1の分極率の大きさ α_1 に比例するから，同様の式が成り立つ．したがって，ポテンシャルエネルギーは，

$$U(r) = -\frac{{\mu_1}^2\alpha_2}{(4\pi\varepsilon_0)^2}\frac{1}{r^6} - \frac{{\mu_2}^2\alpha_1}{(4\pi\varepsilon_0)^2}\frac{1}{r^6} \qquad (8\cdot12)$$

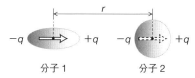

図 8・7　永久電気双極子–誘起電気双極子の相互作用（必ず同じ方向）

---

*　(8・7)式で $\mu_2 = \mu_1(\alpha_2/4\pi\varepsilon_0)(1/r^3)$ とおいて，2で割り算したと考えればよい．

となり,やはり,分子間距離 r の 6 乗に反比例する.永久電気双極子-誘起電気双極子の相互作用による引力を誘起力(デバイの誘起引力)という.

配向力,分散力,誘起力をファンデルワールス力という.結局,(8・1)式の $1/r^6$ の係数 $4\varepsilon\sigma^6$ は,(8・9)式,(8・10)式,(8・12)式の係数を足し算して,

$$4\varepsilon\sigma^6 = \frac{2}{3k_BT}\left(\frac{\mu_1\mu_2}{4\pi\varepsilon_0}\right)^2 + \frac{3}{2}\left(\frac{I_1I_2}{I_1+I_2}\right)\left(\frac{\alpha_1}{4\pi\varepsilon_0}\right)\left(\frac{\alpha_2}{4\pi\varepsilon_0}\right) + \frac{\mu_1^2\alpha_2}{(4\pi\varepsilon_0)^2} + \frac{\mu_2^2\alpha_1}{(4\pi\varepsilon_0)^2}$$

$$(8・13)$$

と表すことができる.同じ種類の 2 個の分子の相互作用の場合には,$\mu_1 = \mu_2 = \mu$,$I_1 = I_2 = I$,$\alpha_1 = \alpha_2 = \alpha$ とおけばよい.

$$4\varepsilon\sigma^6 = \frac{1}{(4\pi\varepsilon_0)^2}\left(\frac{2\mu^4}{3k_BT} + \frac{3}{4}I\alpha^2 + 2\mu^2\alpha\right) \qquad (8・14)$$

CO_2 分子(二酸化炭素)は C 原子を中心にした対称直線分子である(II 巻 §12・3 参照).C 原子が対称中心にあるので,等核二原子分子と同様に永久電気双極子モーメントはない.しかし,それぞれの C=O 結合について考えると,C 原子と O 原子の電気陰性度が異なるので,電荷の偏りはある.これを結合モーメントとよぶ.CO_2 分子の結合モーメントを描くと,図 8・8 のようになる.四つの電荷の偏り $-q$ と $+q$ と $+q$ と $-q$ があるので電気四極子モーメントという.永久電気双極子モーメントは結合モーメントのベクトル和なので,CO_2 分子に永久電気双極子モーメントはない.しかし,電気四極子モーメントはある.CO_2 分子の近くに別の CO_2 分子があると,電気四極子モーメントによっても引力がはたらき,エネルギーが安定化する.詳しいことは省略するが,電気四極子モーメント-電気四極子モーメントの相互作用によるポテンシャルエネルギーは,分子間距離 r の 10 乗に反比例することがわかっている.また,電気双極子モーメント-電気四極子モーメントの相互作用によるポテンシャルエネルギーは r の 8 乗に反比例する.

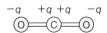

図 8・8 二酸化炭素の電気四極子モーメント

ファンデルワールス力によって相互作用した 2 個の分子を二量体,n 個の分子を n 量体という.CO_2 分子の二量体では,CO_2 分子の $-q$ の O 原子と別の CO_2 分子の $+q$ の C 原子が相互作用するので,T 字形になる(図 8・9).一方,

三量体では，C原子が正三角形の頂点になる配置の対称性がよく，エネルギーが安定になる．さらに，分子の数が増えて，分子集団になった物質が固体のドライアイスである．ドライアイスの結晶構造は，ヘリウム以外の貴ガスと同様に，単位格子は面心立方格子であり，立方最密充填構造をとるといわれている．

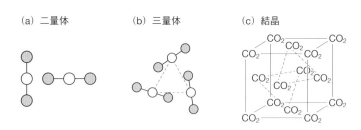

図 8・9　分子間力による二酸化炭素の多量体の構造

章 末 問 題

8・1　レナード・ジョーンズの式で，分子間の反発力と引力がつりあうときの分子間距離を式で表せ．

8・2　レナード・ジョーンズ定数 ε をボルツマン定数 k_B で割り算すると，温度の単位 K になることを確認せよ．

8・3　表 8・1の CH_4，C_2H_6，C_3H_8 のレナード・ジョーンズ定数を比較して，傾向と，その原因を説明せよ．

8・4　ヘリウムの固体(結晶)のモル体積 V_m を 7 cm³ とする．He 原子のファンデルワールス半径を求めよ．アボガドロ定数 N_A を 6.0221×10^{23} mol⁻¹ とする．

8・5　ネオンの格子定数を 446.4 pm として，Ne 原子のファンデルワールス半径を求めよ．

8・6　表 8・1のレナード・ジョーンズ定数から表 8・2の Ne 原子のファンデルワールス半径を求め，前問の結果と比較せよ．

8・7　2個の分子の永久電気双極子モーメントが逆の方向で並列に並ぶとする．ポテンシャルエネルギーの式を(8・6)式から求めよ．

8・8　2個の分子の永久電気双極子モーメントが同じ方向で並列に並ぶとする．ポテンシャルエネルギーの式を(8・6)式から求めよ．

8・9　(8・11)式の単位がエネルギーであることを確認せよ．

8・10　2個の CO_2 分子の(8・14)式はどのようになるか．

第 II 部

分子反応速度論

9
化学反応式と反応速度式

化学反応の機構は複雑であり，素反応に分けて理解する必要がある．異性化反応や分解反応のような単分子反応の反応速度は，反応物の濃度に比例する1次反応が多い．分子間の反応では，それぞれの反応物の濃度に比例する2次反応が多い．反応速度式の比例定数を反応速度定数という．反応速度式を積分すると，濃度の時間変化がわかる．

9・1 総括反応と素反応

　最近，水素燃料が注目されている．二酸化炭素を放出しないクリーンなエネルギーとして，自動車などに応用されている．水素を燃焼するときにエネルギーが放出されるので，そのエネルギーを使って，自動車を走らせようというのである．水素の燃焼反応を化学反応式で表せば，高校で学んだように，

$$2\,H_2 + O_2 \longrightarrow 2\,H_2O \qquad\qquad (9\cdot1)$$

となる．つまり，酸素と2倍の水素を混合して点火すれば，エネルギーが放出されて水蒸気ができる．しかし，この化学反応式は水素の燃焼反応の"結果"を表した式（総括反応式という）であり，実際に分子レベルで，どのような化学反応が起こっているのかを説明していない．どういうことかというと，2個のH_2分子と1個のO_2分子の合計3個の分子が同時に衝突して，いきなり2個のH_2O分子が生成する反応は考えにくい，ということである．ふつうは，2個の分子が衝突する反応の確率のほうがはるかに大きい．

　たとえば，まずは1個のH_2分子と1個のO_2分子が衝突する．そして，H_2分子の化学結合が切れて，H原子とHOO・ラジカルができる*．

$$H_2 + O_2 \longrightarrow H\cdot + HOO\cdot \qquad\qquad (9\cdot2)$$

生成したH原子は別のO_2分子と反応して，O_2分子の化学結合が切れて，HO・ラジカルとO原子ができる．

---

*　分子間の化学反応では，並進エネルギーが衝突によって分子内エネルギー（振動エネルギー，回転エネルギーなど）に変換されて，化学結合が変化する．

$$H\cdot + O_2 \longrightarrow HO\cdot + O\cdot \qquad (9\cdot3)$$

さらに，HO・ラジカルは別の H_2 分子と反応して，H_2 分子の化学結合が切れて，H_2O 分子と H 原子ができる.

$$HO\cdot + H_2 \longrightarrow H_2O + H\cdot \qquad (9\cdot4)$$

(9・1)式で示した単純な水素の燃焼反応の式でも，化学反応を1段階ずつ丁寧に調べれば，いろいろな分子レベルの反応（これを素反応という）が関与していることがわかる. この章からは，一見，簡単そうにみえる気体の化学反応を，素反応に基づいて正しく解釈する方法について説明する.

9・2 反応速度と化学量論係数

最も簡単な素反応は単分子反応である. 反応物が1分子の素反応を単分子反応という. 生成物が複数でも単分子反応であるが，とりあえず，生成物も1分子であるとする. 反応物を A，生成物を P とすると，化学反応式は，

$$A \longrightarrow P \qquad (9\cdot5)$$

となる. 具体的な例としては，CH_3NC（イソシアノメタン）の CH_3CN（シアノメタンあるいはアセトニトリルともいう）への異性化反応がある.

$$CH_3NC \longrightarrow CH_3CN \qquad (9\cdot6)$$

化学反応では，反応物や生成物が，どのくらいの時間で，どのくらい減少したり増加したりするかを調べることが重要である. これを反応速度という. 分子数 N の時間変化 dN/dt で表すこともあるし，数密度 ρ（単位体積あたりの分子数 N，つまり，$\rho = N/V = N_A/V_m$）の時間変化 $d\rho/dt$ で表すこともある. 数密度の単位を dm^{-3} で表せば，数密度を用いた反応速度の単位は $dm^{-3}\,s^{-1}$ となる. また，数密度をアボガドロ定数 N_A で割り算して，物質量濃度（単位体積あたりの物質量 n，つまり，$n/V = 1/V_m = \rho/N_A$）の時間変化で表すこともある（§1・3 参照）. 反応物 A の物質量濃度（以降は単に濃度とよぶ）の時間変化は，$d[A]/dt$ などと表され，濃度を用いた反応速度の単位は $mol\,dm^{-3}\,s^{-1}$ である. 今後は断わらない限り，濃度の時間変化を使って反応速度を説明する.

たとえば，反応物 A の濃度が反応時間 t とともに，どのくらい減少するかを式で表すと，

$$[A] \text{ の反応速度} = -d[A]/dt \qquad (9\cdot7)$$

となる. $d[A]/dt$ が反応速度の大きさ（速さ）を表し，負の符号が濃度の減少を表す. また，(9・5)式の単分子反応のように，1分子の反応物が1分子の生

成物になる場合には，反応物Aの減少速度と生成物Pの増加速度は必ず一致する．したがって，反応速度に関しては，

$$-d[A]/dt = d[P]/dt \qquad (9・8)$$

が成り立つ．また，1分子の反応物が2分子の生成物になる単分子反応は，

$$A \longrightarrow P + P \qquad (9・9)$$

と書ける．たとえば，1分子の N_2O_2（二酸化二窒素）が解離して，2分子のNO（一酸化窒素）になる分解反応がある．このような反応の場合には，

$$-d[A]/dt = (1/2)d[P]/dt \qquad (9・10)$$

が成り立つ．生成物Pの増加速度 $d[P]/dt$ が，反応物Aの減少速度 $d[A]/dt$ の2倍になることを意味する．

　もっと，一般に，

$$aA + bB + \cdots \longrightarrow pP + qQ + \cdots \qquad (9・11)$$

という化学反応ならば，反応速度に関して，

$$-(1/a)d[A]/dt = -(1/b)d[B]/dt = \cdots$$
$$= (1/p)d[P]/dt = (1/q)d[Q]/dt = \cdots \qquad (9・12)$$

が成り立つ，ここで，a, b, $\cdots$ はそれぞれの反応物（反応の原系）に関する化学量論係数*，p, q, $\cdots$ はそれぞれの生成物（反応の生成系）に関する化学量論係数である．

9・3　0次の単分子反応

　同じ単分子反応（A→P）でも，化学反応式をみただけでは，反応速度が反応物の濃度にどのように依存するかはわからない．もしも，反応速度が反応物の濃度 [A] に依存しなければ，一定の速度で反応物Aが減少し，同じ速度で生成物Pが増加することになる．

$$-d[A]/dt = d[P]/dt = k[A]^0 = k \qquad (9・13)$$

これを反応速度式といい，定数 k のことを反応速度定数という．わざわざ $[A]^0$ と書いたのは，この化学反応が0次反応であることをはっきりさせるためである．反応速度が反応物の濃度の n 乗に比例する化学反応を n 次反応とよぶ．

　(9・13)式は濃度 [A] あるいは濃度 [P] の時間に関する微分方程式である．

---

*　化学量論係数は，反応の原系と反応の生成系で，同じ種類の原子の数が等しくなるようにするための係数である．

左辺の $-\mathrm{d}t$ を右辺に移動して，微分方程式を次のように変形する.

$$\mathrm{d}[\mathrm{A}] = -k\,\mathrm{d}t \qquad (9 \cdot 14)$$

反応が開始する時間 $t = 0$ での反応物 A の濃度（初濃度）を $[\mathrm{A}]_0$ として，ある反応時間 t での反応物 A の濃度を $[\mathrm{A}]_t$ とすると[*1]，両辺を積分して，

$$\text{左辺} = \int_{[\mathrm{A}]_0}^{[\mathrm{A}]_t}\mathrm{d}[\mathrm{A}] = [\mathrm{A}]_t - [\mathrm{A}]_0$$

$$\text{右辺} = -k\int_0^t \mathrm{d}t = -k(t-0) = -kt \qquad (9 \cdot 15)$$

となる[*2]. つまり，

$$[\mathrm{A}]_t = [\mathrm{A}]_0 - kt \qquad (9 \cdot 16)$$

が得られる. ある反応時間 t での反応物 A の濃度 $[\mathrm{A}]_t$ を測定して，縦軸に $[\mathrm{A}]_t$ をとり，横軸に反応時間 t をとってグラフにすると直線になる（図 9・1）. 直線の y 切片が $[\mathrm{A}]_0$ であり，直線の傾きの大きさが反応速度定数 k となる. k の単位は濃度を時間で割り算して $\mathrm{mol\,dm^{-3}\,s^{-1}}$ である（kt が濃度の単位）.

　生成物 P の初濃度 $[\mathrm{P}]_0$ を 0 としよう. ある反応時間 t での生成物 P の濃度を $[\mathrm{P}]_t$ とすると，同様の積分によって，（9・13）式から，

$$[\mathrm{P}]_t = kt \qquad (9 \cdot 17)$$

が得られる（章末問題9・2）. 図9・1には生成物 P の濃度変化 $[\mathrm{P}]_t$ も示した. 反応物 A がなくなった瞬間に化学反応が終わり，生成物 P の濃度は反応物 A の初濃度 $[\mathrm{A}]_0$ と同じになる. ただし，実際には，このような0次の単分子反応はほとんどみられない.

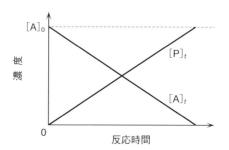

図 9・1　0 次の単分子反応（A → P）での濃度変化

[*1]　濃度が反応時間の関数であることを強調するときに，t の下付きを添える.

[*2]　積分の計算がわかりにくければ，変数 $[\mathrm{A}]$ を x に置き換えるとよい $\left(\int_{x_0}^{x_t}\mathrm{d}x = x_t - x_0\right)$.

9・4 1次の単分子反応

単分子反応では，反応物 A の減少速度は反応物 A の濃度 [A] に比例する場合が多い．濃度 [A] が低くなれば，濃度 [A] の減少速度も濃度 [P] の増加速度も，低くなるという意味である．これを 1 次の単分子反応という．代表的な 1 次の単分子反応の例を表 9・1 に示す．

表 9・1　1 次の単分子反応の例

反応物	生成物
CH_3NC	CH_3CN
$CH_2{=}CHOH$	CH_3CHO

1 次の単分子反応の反応速度式は，反応速度定数を k とすれば，

$$-d[A]/dt = d[P]/dt = k[A]^1 = k[A] \qquad (9・18)$$

と書ける．右辺の [A] を左辺に移動し，左辺の $-dt$ を右辺に移動すれば，

$$\frac{d[A]}{[A]} = -k\,dt \qquad (9・19)$$

となる．これを $[A]_0 \sim [A]_t$ と $0 \sim t$ の範囲で積分すれば，次のようになる*．

$$左辺 = \int_{[A]_0}^{[A]_t} \frac{d[A]}{[A]} = \ln[A]_t - \ln[A]_0 = \ln\left(\frac{[A]_t}{[A]_0}\right)$$
$$右辺 = -k\int_0^t dt = -k(t-0) = -kt \qquad (9・20)$$

したがって，次の関係式が得られる．

$$\ln\left(\frac{[A]_t}{[A]_0}\right) = -kt \qquad (9・21)$$

ある反応時間 t での反応物 A の濃度 $[A]_t$ を測定して，$\ln([A]_t/[A]_0)$ を縦軸にとり，横軸に反応時間 t をとってグラフにすれば直線になる．直線の傾きの大きさが反応速度定数 k を表す．なお，0 次反応の反応速度定数 k の単位は

---

* $1/x$ の積分は $\ln x$ となり，また，$\ln x - \ln y = \ln(x/y)$ となる．

$mol\,dm^{-3}\,s^{-1}$ であるが，1次反応の反応速度定数 k の単位は s^{-1} である．(9・21)式の左辺が無次元だから，右辺の kt が無次元になる必要があることからもわかる．反応速度定数の単位は化学反応の反応次数によって変わる．

(9・21)式は指数関数を使って，次のように変形することもできる．

$$\frac{[A]_t}{[A]_0} = \exp(-kt) \tag{9・22}$$

したがって，反応物 A の濃度変化 $[A]_t$ は次のようになる．

$$[A]_t = [A]_0 \exp(-kt) \tag{9・23}$$

また，(9・23)式を(9・18)式に代入すれば，生成物 P の反応速度に関して，

$$d[P] = [A]_0\,k\exp(-kt)\,dt \tag{9・24}$$

が得られる．したがって，ある反応時間 t での生成物 P の濃度 $[P]_t$ を求めるためには，両辺を $0\sim[P]_t$ と $0\sim t$ の範囲で積分して，

$$[P]_t = [A]_0 k \int_0^t \exp(-kt)\,dt = \frac{[A]_0 k}{-k}\{\exp(-kt)-\exp(0)\}$$
$$= [A]_0\{1-\exp(-kt)\} \tag{9・25}$$

となる．ここで，生成物 P の初濃度 $[P]_0$ が 0 であることを仮定した．1次の単分子反応の反応物 A と生成物 P の濃度変化を図9・2に示す．厳密には，反応が終わるためには無限の時間（$t \to \infty$）がかかる．

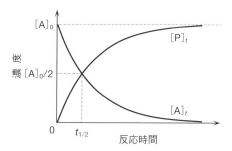

図 9・2 1次の単分子反応（A → P）での濃度変化

反応物 A の濃度 $[A]_t$ が半分になる時間を半減期（$t_{1/2}$ で表す）という．たとえば，初濃度 $[A]_0$ が半分になる時間は，(9・23)式で $[A]_t = [A]_0/2$ を代入すれば，

$$[A]_0/2 = [A]_0 \exp(-kt_{1/2}) \tag{9・26}$$

となり，半減期 $t_{1/2}$ は次のように表される．

$$t_{1/2} = \ln 2/k \tag{9・27}$$

半減期 $t_{1/2}$ は反応速度定数 k に依存するが，反応物 A の初濃度には依存しない（章末問題 9・3）．また，反応物の濃度 [A] が $1/e$ になるまでの時間を反応物 A の時定数 τ，あるいは寿命という（e は自然対数の底 = 2.7182…）．時定数 τ は半減期と同様にして求めることができる．(9・23)式で $[A]_t = [A]_0/e$ を代入すれば，次のようになる．

$$[A]_0/e = [A]_0 \exp(-k\tau) \qquad (9\cdot28)$$

両辺を $[A]_0$ で割り算して自然対数をとると，$\ln(1/e) = -1$ だから，

$$\tau = 1/k \qquad (9\cdot29)$$

となる．つまり，時定数 τ は反応速度定数 k の逆数である．

　N_2O_2 の分解反応（$N_2O_2 \to 2\,NO$）のように，2分子が生成する1次反応の反応速度式は，化学量論係数を考慮して，

$$-d[A]/dt = (1/2)d[P]/dt = k[A] \qquad (9\cdot30)$$

と書ける〔(9・10)式参照〕．(9・30)式の反応物 A に関する微分方程式は(9・18)式と同じだから，反応物 A の濃度変化は(9・23)式で表される．また，生成物 P の濃度変化は，化学量論係数を考慮して，(9・25)式の係数に 2 を掛け算すればよい．なお，反応時間が無限大（$t \to \infty$）で，1分子が生成する1次の単分子反応（A → P）では，図9・2からわかるように $[P]_\infty = [A]_0$ であった．しかし，2分子が生成する1次の単分子反応（A → 2P）では，生成物の濃度 $[P]_\infty$ は反応物の初濃度 $[A]_0$ の2倍となる（図9・3）．

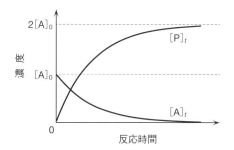

図 9・3　1次の単分子反応（A → 2P）での濃度変化

　一般に，1種類の反応物から複数の生成物ができる1次の単分子反応（$aA \to pP + qQ + \cdots$）も，同様に考えることができる．反応速度式は，

$$-(1/a)d[A]/dt = (1/p)d[P]/dt = (1/q)d[Q]/dt = \cdots$$
$$= k[A] \qquad (9\cdot31)$$

と書ける〔(9・12)式参照〕. 化学量論係数を考慮すれば, 反応物 A の濃度変化
は, (9・23)式で k の代わりに ak とおいて,

$$[A]_t = [A]_0 \exp(-akt) \qquad (9 \cdot 32)$$

となる. また, 生成物の濃度変化についても, 同様に求めることができる. た
とえば, 生成物 P の濃度に関する反応速度式は,

$$d[P]/dt = pk[A] \qquad (9 \cdot 33)$$

である. (9・33)式に(9・32)式を代入して積分すれば,

$$[P]_t = [A]_0 pk \int_0^t \exp(-akt)\,dt = \frac{[A]_0 pk}{-ak}\{\exp(-akt)-\exp(0)\}$$
$$= [A]_0(p/a)\{1-\exp(-akt)\} \qquad (9 \cdot 34)$$

が得られる. また, 反応時間 t が無限大では, 指数関数の部分が 0 だから,

$$[P]_\infty = [A]_0(p/a) \qquad (9 \cdot 35)$$

と表される.

9・5　2次の2分子反応

2分子の反応物が衝突して起こる化学反応を2分子反応という. 最も簡単な
2分子反応の化学反応式は, 1分子の P が生成する反応であり,

$$A + A \longrightarrow P \qquad (9 \cdot 36)$$

と書ける〔反応物が2種類の2分子反応 ($A + B \rightarrow P + Q$) については §10・4
で説明する〕. 具体的な例としては, 2分子の $\cdot CH_3$（メチルラジカル）が衝突
して, C_2H_6（エタン）になる反応などがある（表9・2）.

$$\cdot CH_3 + \cdot CH_3 \longrightarrow C_2H_6 \qquad (9 \cdot 37)$$

表 9・2　2次の2分子反応（反応物が1種類）の例

反応物	生成物	反応物	生成物
$\cdot CH_3 + \cdot CH_3$	C_2H_6	$NOCl + NOCl$	$2NO + Cl_2$
$HI + HI$	$H_2 + I_2$	$NOBr + NOBr$	$2NO + Br_2$

反応が起こるためには2分子が衝突する必要があるから, 反応速度は反応物
の濃度の2乗に比例し, 2次の2分子反応となる. 反応速度式は,

$$-(1/2)d[A]/dt = d[P]/dt = k[A]^2 \qquad (9 \cdot 38)$$

と書ける. ここで, 反応速度定数を k として, また, 化学量論係数 1/2 を考慮

した〔(9・12)式参照〕. 反応物Aの濃度変化を求めたければ, 反応速度式(9・38)の右辺の $[A]^2$ を左辺に移動し, 左辺の $-2dt$ を右辺に移動すると, 次の微分方程式が得られる.

$$\frac{d[A]}{[A]^2} = -2k\,dt \tag{9・39}$$

これを $[A]_0 \sim [A]_t$ と $0 \sim t$ の範囲で両辺を積分すれば,

$$\text{左辺} = \int_{[A]_0}^{[A]_t} \frac{d[A]}{[A]^2} = -\frac{1}{[A]_t} + \frac{1}{[A]_0}$$

$$\text{右辺} = -2k\int_0^t dt = -2k(t-0) = -2kt \tag{9・40}$$

となる*. したがって,

$$\frac{1}{[A]_t} = \frac{1}{[A]_0} + 2kt \tag{9・41}$$

が得られる. 反応物Aの濃度変化 $[A]_t$ を測定して, 縦軸に $1/[A]_t$ をとり, 横軸に反応時間 t をとってグラフにすれば, 直線が得られる. 直線の y 切片が $1/[A]_0$ を表し, 直線の傾きの大きさが反応速度定数 $2k$ を表す.

(9・41)式を次のように表すこともできる.

$$[A]_t = \frac{[A]_0}{1+2[A]_0 kt} \tag{9・42}$$

また, 生成物Pの濃度変化 $[P]_t$ は(9・42)式を(9・38)式に代入して,

$$d[P] = \frac{[A]_0^2 k}{(1+2[A]_0 kt)^2}\,dt \tag{9・43}$$

が得られるので, これを $0 \sim [P]_t$ と $0 \sim t$ の範囲で積分すれば,

$$[P]_t = \frac{[A]_0^2 kt}{1+2[A]_0 kt} \tag{9・44}$$

となる. ただし, 生成物の初濃度 $[P]_0$ を0とした. 反応物Aと生成物Pの濃度変化を次ページ図9・4に示す. 1次の単分子反応 (A→P) とは異なり (図9・2参照), 反応時間が無限大 ($t \to \infty$) で, $[P]_\infty$ は $[A]_0$ の半分になる. これは化学量論係数の比を表す.

1種類の反応物から2種類の生成物ができる2次の2分子反応 (A＋A→

---

* n が1以外の正の整数の場合には, $\int \frac{1}{x^n}dx = \frac{-1}{n-1}\frac{1}{x^{n-1}} + c$ (積分定数) となる.

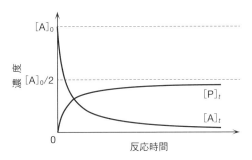

図 9・4　2次の2分子反応 (2A → P) での濃度変化

P + Q) もある. これを不均化反応という. たとえば, 2分子の HI 分子 (ヨウ化水素) が H_2 分子と I_2 分子になる反応がある (表9・2参照). この場合にも, 全く同様にして反応速度式を解くことができる. 反応物 A の濃度変化は(9・42)式で表され, 生成物 P および生成物 Q の濃度変化は(9・44)式で表される.

　実際には起こりにくいが, 3次の3分子反応 (A + A + A → P) も同様に考えることもできる. 化学量論係数を考慮すると, 反応速度式は次のようになる.

$$-(1/3)d[A]/dt = d[P]/dt = k[A]^3 \tag{9・45}$$

右辺の $[A]^3$ を左辺に, 左辺の $-3dt$ を右辺に移動して両辺を積分すれば,

$$左辺 = \int_{[A]_0}^{[A]_t} \frac{d[A]}{[A]^3} = -\frac{1}{2}\left(\frac{1}{[A]_t^2} - \frac{1}{[A]_0^2}\right)$$

$$右辺 = -\int_0^t 3k\,dt = -3k(t-0) = -3kt \tag{9・46}$$

となる (103 ページ脚注を参照). つまり,

$$\frac{1}{[A]_t^2} = \frac{1}{[A]_0^2} + 6kt \tag{9・47}$$

が得られる. 反応物 A の濃度変化 $[A]_t$ を測定して, 縦軸に $1/[A]_t^2$ をとり, 横軸に反応時間 t をとってグラフにすれば, 直線が得られる. 直線の y 切片が $1/[A]_0^2$ で, 直線の傾きの大きさが反応速度定数 $6k$ を表す. なお, (9・47)式は,

$$[A]_t = [A]_0\left(\frac{1}{1 + 6[A]_0^2 kt}\right)^{1/2} \tag{9・48}$$

と表すこともできる. また, (9・48)式を(9・45)式に代入して積分すれば, 反

応物 P の濃度変化 $[P]_t$ を求めることもできて,

$$[P]_t = \frac{[A]_0}{3}\left\{1 - \left(\frac{1}{1 + 6[A]_0{}^2 kt}\right)^{1/2}\right\} \qquad (9 \cdot 49)$$

となる (章末問題 9・10). 同様にして, n 次の n 分子反応についても計算できる.

章 末 問 題

反応物の初濃度を $[A]_0$, 生成物の初濃度を 0, 反応速度定数を k として, 以下の問いに答えよ.

9・1 水素の燃焼反応で, 総括反応が素反応を表すと仮定する. 反応物と生成物の減少速度と増加速度の関係を示せ.

9・2 0 次の単分子反応 (A → P) で, 反応速度式(9・13)から生成物 P の濃度変化を表す(9・17)式を求めよ.

9・3 1 次の単分子反応 (A → P) で, 反応物 A の濃度が 1/4 になるまでの時間を求め, 濃度が 1/2 から 1/4 になるまでの時間が半減期と同じであることを確認せよ.

9・4 N_2O_5 は NO_2 と O_2 に解離する. この反応を 1 次の単分子反応とすると, 反応速度式はどのようになるか.

9・5 1 次の単分子反応の反応速度定数 k を $3.04 \times 10^{-2}\,\mathrm{min}^{-1}$ とする. 時定数 τ と半減期 $t_{1/2}$ を求めよ.

9・6 NOCl は NO と Cl_2 を生成する. 2 次の 2 分子反応とすると, 化学反応式と反応速度式はどのようになるか.

9・7 2 次の 2 分子反応 (A + A → P) で, (9・43)式の両辺を積分して, 生成物 P の濃度変化を表す (9・44)式を求めよ.

9・8 2 次の 2 分子反応 (A + A → P) で, $[P]_\infty$ が $[A]_0$ の半分になることを (9・44)式を使って示せ.

9・9 2 次の 2 分子反応 (A + A → P) で, 半減期 $t_{1/2}$ が $[A]_0$ に依存することを(9・42)式を使って示せ.

9・10 3 次の 3 分子反応 (A + A + A → P) で, 生成物 P の濃度変化を表す(9・49)式を求めよ.

10

並発反応と反応分岐比

二つの素反応が同時に起こる化学反応がある．反応物あるいは生成物が共通である化学反応を並発反応という．1種類の反応物から，異なる反応速度で2種類の生成物ができる並発反応と，2種類の反応物から，異なる反応速度で1種類の生成物ができる並発反応がある．並発反応の分岐比（生成物の濃度比）は反応速度定数の比で決まる．

10・1　生成物が2種類の化学反応

1次の単分子反応で，生成物Pと生成物Qが反応物Aから生成する2種類の化学反応を考える．一つは，生成物Pと生成物Qが1種類の素反応で，反応物Aから同時に生成する反応である．これを化学反応Iとよぶことにする．もう一つは，生成物Pまたは生成物Qが別々の素反応で，反応物Aから生成する反応である．これを化学反応IIとよぶことにする．

化学反応Iの化学反応式は，反応速度定数をkとすれば，

$$A \xrightarrow{k} P + Q \tag{10・1}$$

となる（反応物と生成物をつなぐ矢印の上に，反応速度定数を書く）．これは§9・4で説明した1次の単分子反応で，生成物が2種類の場合の化学反応式である．この反応速度式は(9・18)式を参考にすれば，

$$-d[A]/dt = d[P]/dt = d[Q]/dt = k[A] \tag{10・2}$$

と書ける．そうすると，反応物Aに関する反応速度式は(9・19)式と同じだから，反応物Aの濃度変化は(9・23)式と同じで，

$$[A]_t = [A]_0 \exp(-kt) \tag{10・3}$$

となる．また，生成物Pと生成物Qの濃度変化は(9・25)式と同じで，

$$[P]_t = [Q]_t = [A]_0\{1 - \exp(-kt)\} \tag{10・4}$$

となる（章末問題10・1）．

一方，化学反応IIの化学反応式は，

$$A \xrightarrow{k_P} P \quad \text{または} \quad A \xrightarrow{k_Q} Q \qquad (10 \cdot 5)$$

と書ける．ここで，生成物 P が生成する反応速度定数を k_P，生成物 Q が生成する反応速度定数を k_Q とした．二つの素反応が並行して起こる化学反応を並発反応（または並行反応）という．並発反応では，生成物 P と生成物 Q の増加速度が同じとは限らない．素反応が異なれば，一般に，反応速度定数 k_P と k_Q が異なるからである．化学反応 II の反応速度式は，

$$
\begin{aligned}
-\mathrm{d}[A]/\mathrm{d}t &= \mathrm{d}[P]/\mathrm{d}t + \mathrm{d}[Q]/\mathrm{d}t = k_P[A] + k_Q[A] \\
&= (k_P + k_Q)[A]
\end{aligned}
\qquad (10 \cdot 6)
$$

となる．反応物 A は生成物 P または生成物 Q のいずれかになるから，反応物 A の減少速度は，生成物 P の増加速度 $\mathrm{d}[P]/\mathrm{d}t$ と生成物 Q の増加速度 $\mathrm{d}[Q]/\mathrm{d}t$ の和になることを表す．化学反応 I と化学反応 II の違いをわかりやすく説明するために，図 10・1 に模式的に並べて示した．

(a) 化学反応 I   (b) 化学反応 II（並発反応）

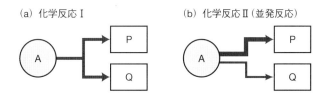

図 10・1　生成物が 2 種類の二つの化学反応のモデル

図 10・1 では，反応速度定数の大きさの違いを矢印の太さの違いで表現した．化学反応 I では，A から一つの矢印で反応が進み，途中で生成物 P と Q に分かれるから，それぞれの濃度は常に同じである（$[P]_t = [Q]_t$）．一方，化学反応 II（並発反応）では，A から太い矢印と細い矢印で別々に反応が進む．生成物 P への矢印は生成物 Q への矢印よりも太く書いたから，生成物 P の濃度のほうが常に高い．つまり，$k_P > k_Q$ ならば，$[P]_t > [Q]_t$ である．

10・2　並発反応の濃度変化

(10・6)式の右辺は(10・2)式で $k = k_P + k_Q$ とおいた式だから，化学反応 II の並発反応の反応物 A の濃度変化 $[A]_t$ は(10・3)式より，

$$[A]_t = [A]_0 \exp\{-(k_P + k_Q)t\} \qquad (10 \cdot 7)$$

となる．また，生成物 P の反応速度式は，(10・7)式を(10・2)式に代入して，

$$d[P]/dt = k_P[A] = [A]_0 k_P \exp\{-(k_P+k_Q)t\} \qquad (10 \cdot 8)$$

が得られる．これを $0 \sim [P]_t$ と $0 \sim t$ の範囲で積分すると，

$$[P]_t = \frac{[A]_0 k_P}{-(k_P+k_Q)} [\exp\{-(k_P+k_Q)t\} - 1]$$
$$= \frac{[A]_0 k_P}{(k_P+k_Q)} [1 - \exp\{-(k_P+k_Q)t\}] \qquad (10 \cdot 9)$$

となる．ただし，生成物の初濃度を 0 とした．同様にして，生成物 Q の濃度変化 $[Q]_t$ も次のように得られる．

$$[Q]_t = \frac{[A]_0 k_Q}{(k_P+k_Q)} [1 - \exp\{-(k_P+k_Q)t\}] \qquad (10 \cdot 10)$$

反応物と生成物の濃度変化を図 $10 \cdot 2$ に示す．反応速度定数は $k_P = 1\,\mathrm{s}^{-1}$, $k_Q = 0.1\,\mathrm{s}^{-1}$ と仮定した．1 分子の反応物 A から 1 分子の生成物 P または生成物 Q のいずれかが必ずできるので，全体の濃度の総和 $([A]_t+[P]_t+[Q]_t)$ は常に反応物の初濃度 $[A]_0$ に等しい（章末問題 $10 \cdot 2$）．

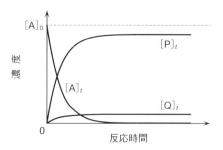

図 10・2　並発反応（A → P, A → Q）での濃度変化
$(k_P = 1\,\mathrm{s}^{-1},\ k_Q = 0.1\,\mathrm{s}^{-1})$

一般に，生成物が n 種類になる並発反応，

$$A \xrightarrow{k_P} P \quad または \quad A \xrightarrow{k_Q} Q \quad または \quad A \xrightarrow{k_R} R \cdots \qquad (10 \cdot 11)$$

も同様に考えることができる．反応速度式は$(10 \cdot 6)$式からの類推で，

$$-d[A]/dt = d[P]/dt + d[Q]/dt + d[R]/dt + \cdots$$
$$= k_P[A] + k_Q[A] + k_R[A] + \cdots \qquad (10 \cdot 12)$$
$$= (k_P+k_Q+k_R+\cdots)[A]$$

となる．したがって，反応物 A の濃度変化 $[A]_t$ は，

$$[A]_t = [A]_0 \exp\{-(k_P+k_Q+k_R+\cdots)t\} \tag{10・13}$$

となる．また，たとえば，生成物 P の濃度変化 $[P]_t$ は，

$$[P]_t = \frac{[A]_0 k_P}{(k_P+k_Q+\cdots)}[1-\exp\{-(k_P+k_Q+k_R+\cdots)t\}] \tag{10・14}$$

であり，すべての生成物についても同様の式が成り立つ．したがって，

$$\frac{[P]_t}{k_P} = \frac{[Q]_t}{k_Q} = \cdots = \frac{[A]_0}{(k_P+k_Q+\cdots)}[1-\exp\{-(k_P+k_Q+k_R\cdots)t\}] \tag{10・15}$$

という関係式が得られる．そうすると，たとえば，生成物 P の濃度変化 $[P]_t$ と生成物 Q の濃度変化 $[Q]_t$ の比（分岐比）を次のように表すことができる．

$$\frac{[P]_t}{[Q]_t} = \frac{k_P}{k_Q} \tag{10・16}$$

分岐比は反応速度定数の比で決まり，反応時間には依存しない．つまり，どのような反応時間で測定しても同じ値になる．

10・3　生成物が 1 種類の並発反応

　逆に，複数の反応物から同じ生成物ができる並発反応もある．たとえば，反応物 A と反応物 B から，それぞれの素反応によって，同じ生成物 P ができる反応である．化学反応式で表せば，

$$A \xrightarrow{k_A} P \quad または \quad B \xrightarrow{k_B} P \tag{10・17}$$

となる．反応速度定数の大きさが $k_A > k_B$ だと仮定すれば，図 10・3 のように模式的に描ける．

図 10・3　生成物が 1 種類の並発反応のモデル

　それぞれの素反応が 1 次だと仮定すると，反応速度式は次のようになる．

$$-d[A]/dt = d[P]/dt = k_A[A] \quad または \quad -d[B]/dt = d[P]/dt = k_B[B] \tag{10・18}$$

反応物 A に関する反応速度式は，1 次の単分子反応（A → P）の(9・18)式と同じだから，反応物 A の濃度変化 $[A]_t$ は(9・23)式で表される.

$$[A]_t = [A]_0 \exp(-k_A t) \qquad (10 \cdot 19)$$

反応物 B の濃度変化 $[B]_t$ も同様の式が成り立つ.

$$[B]_t = [B]_0 \exp(-k_B t) \qquad (10 \cdot 20)$$

また，反応物 A から生成物 P ができる反応速度式は(9・24)式と同じだから，生成物 P の濃度変化 $[P]_t$ は(9・25)式と同じになる.

$$[P]_t = [A]_0 \{1 - \exp(-k_A t)\} \qquad (10 \cdot 21)$$

同様に，反応物 B からできる生成物 P の濃度変化 $[P]_t$ についても，

$$[P]_t = [B]_0 \{1 - \exp(-k_B t)\} \qquad (10 \cdot 22)$$

が成り立つ. 生成物 P は反応物 A からも反応物 B からもできるから，それらの濃度を足し算すればよい. 生成物 P の濃度変化 $[P]_t$ は，

$$[P]_t = [A]_0 \{1 - \exp(-k_A t)\} + [B]_0 \{1 - \exp(-k_B t)\} \qquad (10 \cdot 23)$$

となる.

　一般に，反応物が n 種類の場合も同様に考えることができる. 化学反応式を，

$$A \xrightarrow{k_A} P \quad または \quad B \xrightarrow{k_B} P \quad または \quad C \xrightarrow{k_C} P \cdots \qquad (10 \cdot 24)$$

とすれば，それぞれの反応速度式は，

$$\begin{aligned} -d[A]/dt &= d[P]/dt = k_A[A] \\ -d[B]/dt &= d[P]/dt = k_B[B] \\ -d[C]/dt &= d[P]/dt = k_C[C] \\ &\vdots \end{aligned} \qquad (10 \cdot 25)$$

となる. すべての反応物から同じ生成物 P ができるから，P の濃度変化 $[P]_t$ は，(10・23)式からの類推で，

$$\begin{aligned} [P]_t = &[A]_0 \{1 - \exp(-k_A t)\} + [B]_0 \{1 - \exp(-k_B t)\} \\ &+ [C]_0 \{1 - \exp(-k_C t)\} + \cdots \end{aligned} \qquad (10 \cdot 26)$$

と表される.

10・4　反応物が 2 種類の 2 次の 2 分子反応

　これまでは，反応物が 1 種類の素反応について考えてきた. しかし，実際の化学反応では，2 種類の反応物が関与する素反応も多い. もしも，生成物が 1 種類ならば（P＝Q），均化反応という（§9・5参照）. ここでは化学反応 I の

代わりに，反応物が2種類で，生成物が2種類の次の素反応を考える．

$$A + B \xrightarrow{k} P + Q \qquad (10 \cdot 27)$$

これまでと同様に模式的に描くと，図10・4のようになる．このような2分子反応では，反応物Aと反応物Bが衝突する必要がある．したがって，反応物の減少速度は反応物Aの濃度に対して1次に比例し，反応物Bに対しても1次に比例し，反応全体では2次の2分子反応になることが多い．代表的な2次の2分子反応の例を表10・1に示す．

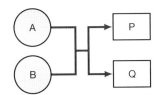

図 10・4　反応物が2種類の2分子反応のモデル

表 10・1　2次の2分子反応（反応物が2種類）の例

反応物	生成物	反応物	生成物
$H_2 + I_2$	$HI + HI$	$NO_2 + O_3$	$NO_3 + O_2$
$Br_2 + I_2$	$BrI + BrI$	$NO + O_3$	$NO_2 + O_2$

　(10・27)式の2分子反応では，反応物Aおよび反応物Bの減少速度と，生成物Pおよび生成物Qの増加速度は同じだから，反応速度式は，

$$-d[A]/dt = -d[B]/dt = d[P]/dt = d[Q]/dt = k[A][B]$$
$$(10 \cdot 28)$$

となる．1分子の反応物Aと1分子の反応物Bが，1分子の生成物Pと1分子の生成物Qになるから，共通する濃度変化 z を次のように定義する．

$$z = [A]_0-[A]_t = [B]_0-[B]_t = [P]_t = [Q]_t \qquad (10 \cdot 29)$$

反応時間 t で微分すると，定数である初濃度 $[A]_0$ と $[B]_0$ は消えるので，(10・28)式の左辺は dz/dt のことである．そうすると，(10・28)式は，

$$dz/dt = k([A]_0-z)([B]_0-z) \qquad (10 \cdot 30)$$

となる．$([A]_0-z)([B]_0-z)$ を左辺に移動して，さらに部分分数分解して（章末問題10・7），また，dt を右辺に移動してから両辺を積分すると，

$$左辺 = \int\frac{dz}{([A]_0-z)([B]_0-z)} = \frac{1}{[A]_0-[B]_0}\left(\int\frac{dz}{[B]_0-z} - \int\frac{dz}{[A]_0-z}\right)$$

$$= \frac{1}{[A]_0-[B]_0}\ln\left(\frac{[B]_0[A]_t}{[A]_0[B]_t}\right) \tag{10・31}$$

$$右辺 = \int_0^t k\,dt = kt$$

となる．なお，左辺の z の積分範囲は，$(10・29)$式からわかるように，反応物 A については $0\sim([A]_0-[A]_t)$，反応物 B については $0\sim([B]_0-[B]_t)$ であり，どちらを選んで計算してもよい（章末問題 $10・8$）．結局，反応物が 2 種類の 2 次の 2 分子反応では，次の関係式が成り立つ．

$$\frac{1}{[A]_0-[B]_0}\ln\left(\frac{[B]_0[A]_t}{[A]_0[B]_t}\right) = kt \tag{10・32}$$

両辺に $[A]_0-[B]_0$ を掛け算し，さらに指数関数に直すと，次のようになる．

$$[A]_t = \frac{[A]_0}{[B]_0}\exp\{([A]_0-[B]_0)kt\}[B]_t \tag{10・33}$$

また，$(10・29)$式から，$[A]_t$ と $[B]_t$ には次の関係式が成り立つ．

$$[B]_t = [A]_t - [A]_0 + [B]_0 \tag{10・34}$$

これを$(10・33)$式に代入して整理すれば，

$$[A]_t = \frac{[A]_0}{[B]_0}\exp\{([A]_0-[B]_0)kt\}([A]_t-[A]_0+[B]_0)$$

$$= \frac{[A]_0}{[B]_0}\exp\{([A]_0-[B]_0)kt\}[A]_t \tag{10・35}$$

$$- \frac{[A]_0([A]_0-[B]_0)}{[B]_0}\exp\{([A]_0-[B]_0)kt\}$$

となる．さらに，右辺の第 1 項を左辺に移動して整理すると，

$$\frac{[B]_0-[A]_0\exp\{([A]_0-[B]_0)kt\}}{[B]_0}[A]_t =$$

$$- \frac{[A]_0([A]_0-[B]_0)}{[B]_0}\exp\{([A]_0-[B]_0)kt\} \tag{10・36}$$

が得られる．したがって，反応物 A の濃度変化 $[A]_t$ は次のように表される*．

---

* 計算には指数関数の性質 $1/\exp(x) = \exp(-x)$ を利用する．

$$[A]_t = \frac{[A]_0([A]_0-[B]_0)\exp\{([A]_0-[B]_0)kt\}}{[A]_0\exp\{([A]_0-[B]_0)kt\}-[B]_0}$$

$$= \frac{[A]_0([A]_0-[B]_0)}{[A]_0-[B]_0\exp\{([B]_0-[A]_0)kt\}} \qquad (10 \cdot 37)$$

(10・37)式の A と B を入替えれば，反応物 B の濃度変化 $[B]_t$ も得られる.

$$[B]_t = \frac{[B]_0([B]_0-[A]_0)}{[B]_0-[A]_0\exp\{([A]_0-[B]_0)kt\}} \qquad (10 \cdot 38)$$

また，(10・29)式より，

$$[P]_t = [Q]_t = [A]_0-[A]_t \qquad (10 \cdot 39)$$

が成り立つ．したがって，(10・39)式の右辺に(10・37)式を代入すれば，生成物 P および生成物 Q の濃度変化を次のように求めることができる.

$$[P]_t = [Q]_t = [A]_0 - \frac{[A]_0([A]_0-[B]_0)}{[A]_0-[B]_0\exp\{([B]_0-[A]_0)kt\}}$$

$$= [A]_0\frac{[A]_0-[B]_0\exp\{([B]_0-[A]_0)kt\}-([A]_0-[B]_0)}{[A]_0-[B]_0\exp\{([B]_0-[A]_0)kt\}} \qquad (10 \cdot 40)$$

$$= \frac{[A]_0[B]_0[1-\exp\{([B]_0-[A]_0)kt\}]}{[A]_0-[B]_0\exp\{([B]_0-[A]_0)kt\}}$$

(10・40)式は $[A]_0-[A]_t$ の代わりに，$[B]_0-[B]_t$ を用いて求めることもできる（章末問題 10・9）.

反応物の初濃度を $[A]_0 = 1\ \mathrm{mol\ dm^{-3}}$，$[B]_0 = 0.4\ \mathrm{mol\ dm^{-3}}$ として，それぞれの濃度変化を図 10・5 に示す．反応物 A と反応物 B は 1 分子ずつが反応する．反応が進むにつれて初濃度の低い反応物 B が $0\ \mathrm{mol\ dm^{-3}}$ に近づき，初濃

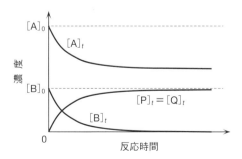

図 10・5 反応物が 2 種類の 2 次の 2 分子反応（$A+B \rightarrow P+Q$）での濃度変化（$[A]_0 = 1\ \mathrm{mol\ dm^{-3}}$，$[B]_0 = 0.4\ \mathrm{mol\ dm^{-3}}$）

度の高い反応物 A は 0.6（= 1−0.4）mol dm^{-3} に近づく．また，生成物 P と生成物 Q は反応物 B の初濃度 $[B]_0$ の 0.4 mol dm^{-3} に近づく．全体の濃度は 0.6+0+0.4+0.4 = 1.4 mol dm^{-3} となり，$[A]_0+[B]_0$ = 1.4 mol dm^{-3} と一致する．

　反応物の初濃度が $[B]_0 = [A]_0$ の場合には注意が必要である．$[B]_0 = [A]_0$ とおくと，（10・37）式の右辺の分母も分子も 0 となって不定形になる．このような場合には $[B]_0 = [A]_0+y$ とおいて，分母と分子を別々に y で微分してから $y \to 0$ に漸近させる（ロピタルの定理，章末問題 10・10 参照）．そうすると，

$$[A]_t = \frac{[A]_0}{1+[A]_0 kt} \qquad (10 \cdot 41)$$

が得られる．（10・41）式は化学反応式（A + B → P + Q）で，A = B とおいた反応物の濃度変化の式と考えることもできる．そうすると，化学反応式（A + A → P）の反応物 A の濃度変化を表す（9・42）式と同じになる．ただし，（9・38）式と（10・28）式を比較するとわかるように，反応速度式の化学量論係数が異なるから，反応速度定数は $2k$ ではなく k になる．

10・5　共通の反応物を含む並発反応

　反応物が 3 種類で，1 種類の反応物を共通とする並発反応を図 10・6 に模式的に示す．ただし，共通する反応物を A として，それぞれの生成物は 1 種類（P または Q）とする．また，それぞれの反応速度定数 k_B と k_C として，$k_B > k_C$ を仮定する．この場合の化学反応式は次のようになる．

$$A + B \xrightarrow{k_B} P \quad または \quad A + C \xrightarrow{k_C} Q \qquad (10 \cdot 42)$$

それぞれの素反応が 2 次の 2 分子反応とすれば，それぞれの反応速度式は

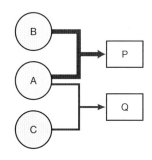

図 10・6　共通の反応物を含む並発反応のモデル

(10・28)式からの類推で,

$$-\mathrm{d}[\mathrm{A}]/\mathrm{d}t = -\mathrm{d}[\mathrm{B}]/\mathrm{d}t = \mathrm{d}[\mathrm{P}]/\mathrm{d}t = k_\mathrm{B}[\mathrm{A}][\mathrm{B}] \tag{10・43}$$

$$-\mathrm{d}[\mathrm{A}]/\mathrm{d}t = -\mathrm{d}[\mathrm{C}]/\mathrm{d}t = \mathrm{d}[\mathrm{Q}]/\mathrm{d}t = k_\mathrm{C}[\mathrm{A}][\mathrm{C}] \tag{10・44}$$

となる. (10・44)式を(10・43)式で割り算すると, [B] と [C] について,

$$\frac{\mathrm{d}[\mathrm{C}]}{\mathrm{d}[\mathrm{B}]} = \frac{k_\mathrm{C}[\mathrm{C}]}{k_\mathrm{B}[\mathrm{B}]} \tag{10・45}$$

が成り立つ. さらに, 両辺を [C] で割り算し, 左辺の d[B] を右辺に移動してから $[\mathrm{B}]_0 \sim [\mathrm{B}]_t$ と $[\mathrm{C}]_0 \sim [\mathrm{C}]_t$ の範囲で積分すると, $1/x$ の積分は $\ln x$ だから,

$$\ln[\mathrm{C}]_t - \ln[\mathrm{C}]_0 = (k_\mathrm{C}/k_\mathrm{B})(\ln[\mathrm{B}]_t - \ln[\mathrm{B}]_0) \tag{10・46}$$

が得られる. (10・46)式を変形すると, 反応物 B と反応物 C の濃度変化には,

$$\frac{[\mathrm{C}]_t}{[\mathrm{C}]_0} = \left(\frac{[\mathrm{B}]_t}{[\mathrm{B}]_0}\right)^{k_\mathrm{C}/k_\mathrm{B}} \tag{10・47}$$

という関係式が成り立つことがわかる.

1分子の反応物 B から1分子の生成物 P が生成するから,

$$[\mathrm{P}]_t = [\mathrm{B}]_0 - [\mathrm{B}]_t \tag{10・48}$$

が成り立つ. 同様に,

$$[\mathrm{Q}]_t = [\mathrm{C}]_0 - [\mathrm{C}]_t \tag{10・49}$$

が成り立つ. また, 1分子の反応物 A から1分子の生成物 P または1分子の Q が生成するから,

$$[\mathrm{A}]_0 - [\mathrm{A}]_t = [\mathrm{P}]_t + [\mathrm{Q}]_t = [\mathrm{B}]_0 - [\mathrm{B}]_t + [\mathrm{C}]_0 - [\mathrm{C}]_t \tag{10・50}$$

が成り立つ. 反応物 A の濃度変化 $[\mathrm{A}]_t$ は(10・50)式と(10・47)式を使って,

$$[\mathrm{A}]_t = [\mathrm{A}]_0 - [\mathrm{B}]_0 + [\mathrm{B}]_t - [\mathrm{C}]_0 + [\mathrm{C}]_t$$

$$= [\mathrm{A}]_0 - [\mathrm{B}]_0 - [\mathrm{C}]_0 + [\mathrm{B}]_t + [\mathrm{C}]_0 \left(\frac{[\mathrm{B}]_t}{[\mathrm{B}]_0}\right)^{k_\mathrm{C}/k_\mathrm{B}} \tag{10・51}$$

となる. これを(10・43)式に代入すれば,

$$-\mathrm{d}[\mathrm{B}]/\mathrm{d}t = k_\mathrm{B}[\mathrm{A}][\mathrm{B}]$$

$$= k_\mathrm{B}\left\{[\mathrm{A}]_0 - [\mathrm{B}]_0 - [\mathrm{C}]_0 + [\mathrm{B}] + [\mathrm{C}]_0 \left(\frac{[\mathrm{B}]}{[\mathrm{B}]_0}\right)^{k_\mathrm{C}/k_\mathrm{B}}\right\}[\mathrm{B}] \tag{10・52}$$

となり, [B] のみを変数として含む微分方程式が得られる.

(10・52)式の微分方程式を解くことはむずかしい. そこで, $k_\mathrm{C} \ll k_\mathrm{B}$ が成り立つ場合を考える. この場合には $k_\mathrm{C}/k_\mathrm{B} = 0$ と近似できるので,

$$-\mathrm{d}[\mathrm{B}]/\mathrm{d}t \;=\; k_{\mathrm{B}}([\mathrm{A}]_0-[\mathrm{B}]_0+[\mathrm{B}])[\mathrm{B}] \qquad (10\cdot53)$$

となる．この微分方程式は§10・4で用いた解法に従って解くことができる．
まず，$\mathrm{d}t$ を右辺に移動して，$([\mathrm{A}]_0-[\mathrm{B}]_0+[\mathrm{B}])[\mathrm{B}]$ を左辺に移動して，さらに
部分分数分解してから両辺を積分すると，

$$
\begin{aligned}
左辺 &= \int \frac{-\mathrm{d}[\mathrm{B}]}{([\mathrm{A}]_0-[\mathrm{B}]_0+[\mathrm{B}])[\mathrm{B}]} \\
&= \frac{1}{[\mathrm{A}]_0-[\mathrm{B}]_0}\left(\int \frac{\mathrm{d}[\mathrm{B}]}{[\mathrm{A}]_0-[\mathrm{B}]_0+[\mathrm{B}]} - \int \frac{\mathrm{d}[\mathrm{B}]}{[\mathrm{B}]}\right) \\
&= \frac{1}{[\mathrm{A}]_0-[\mathrm{B}]_0}\ln\left(\frac{([\mathrm{A}]_0-[\mathrm{B}]_0+[\mathrm{B}]_t)[\mathrm{B}]_0}{([\mathrm{A}]_0-[\mathrm{B}]_0+[\mathrm{B}]_0)[\mathrm{B}]_t}\right) \\
&= \frac{1}{[\mathrm{A}]_0-[\mathrm{B}]_0}\ln\left(\frac{([\mathrm{A}]_0-[\mathrm{B}]_0+[\mathrm{B}]_t)[\mathrm{B}]_0}{[\mathrm{A}]_0[\mathrm{B}]_t}\right)
\end{aligned}
\qquad (10\cdot54)
$$

$$右辺 \;=\; \int_0^t k_{\mathrm{B}}\,\mathrm{d}t \;=\; k_{\mathrm{B}}t$$

となる．実は，$(10\cdot54)$式の左辺の積分は，$(10\cdot31)$式の左辺の積分で $z=[\mathrm{B}]_0$
$-[\mathrm{B}]$ および $\mathrm{d}z=-\mathrm{d}[\mathrm{B}]$ とおいた式と一致する〔$(10\cdot34)$式を利用〕．なお，
$k_{\mathrm{C}}/k_{\mathrm{B}}=0$ と近似することは反応物 C を考えないことだから，結局，2 次の 2 分
子反応（A ＋ B → P ＋ Q）の$(10\cdot38)$式と一致する．

章 末 問 題

10・1　1 次の単分子反応（A → P ＋ Q）の$(10\cdot4)$式を使って，最終的な反応
時間で，生成物の濃度の総和が反応物の初濃度 $[\mathrm{A}]_0$ の 2 倍になることを示せ．

10・2　1 次の並発反応（A → P または A → Q）の$(10\cdot7)$式，$(10\cdot9)$式，$(10\cdot10)$式を使って，反応物と生成物の濃度の総和が反応時間によらずに一定である
ことを示せ．

10・3　1 次の並発反応（A → P または A → Q）の初濃度 $[\mathrm{A}]_0$ が $3\,\mathrm{mol\,dm}^{-3}$，
$[\mathrm{P}]_\infty$ が $2\,\mathrm{mol\,dm}^{-3}$ とする．生成物 P と生成物 Q の分岐比を求めよ．

10・4　図 10・3 を参考にして，並発反応（A → P または B → P または C → P）
を模式的に図で表せ．ただし，$k_{\mathrm{A}}<k_{\mathrm{B}}<k_{\mathrm{C}}$ とする．

10・5　2 次の 2 分子反応（A ＋ B → P ＋ P）の反応速度定数を k とする．生成
物 P の増加速度を表す反応速度式を答えよ．

10・6　2 次の 2 分子反応（A ＋ B → P ＋ Q）を考える．$(10\cdot33)$式を使って，
初濃度 $[\mathrm{A}]_0$ と $[\mathrm{B}]_0$ が同じ場合には，$[\mathrm{A}]_t$ と $[\mathrm{B}]_t$ も同じになることを示せ．

10・7　$1/\{([A]_0-[B]_0)([B]_0-z)\}-1/\{([A]_0-[B]_0)([A]_0-z)\}$ が $1/\{([A]_0-z)$ $([B]_0-z)\}$ に等しいことを確認せよ.

10・8　積分範囲を考えて$(10・31)$式の左辺を計算し, 結果を確認せよ.

10・9　$[P]_t=[B]_0-[B]_t$ に$(10・38)$式を代入して, $(10・40)$式を求めよ.

10・10　$[B]_0=[A]_0+y$ とおいて, $(10・37)$式を変形せよ. また, 分母と分子を別々にyで微分せよ. さらに, $y\to 0$ として$(10・41)$式を求めよ.

11

逐次反応と定常状態

　化学反応によって生成した生成物が，さらに反応して，生成物が中間体の役割を果たすこともある．このような化学反応を逐次反応という．逐次反応では反応の中間体の濃度は反応時間とともに増加し，やがて減少する．最終生成物の濃度の増加は，反応開始時から中間体の濃度が最大になるまでは，しだいに速くなり，その後は遅くなる．

11・1　化学反応の中間体

　ある素反応によって生成した生成物が，さらに反応して，別の生成物になる化学反応もある．このような化学反応を逐次反応（あるいは連続反応）という．前半の反応と後半の反応の反応速度定数を k_1 と k_2 とすれば，化学反応式は，

$$A \xrightarrow{k_1} I \xrightarrow{k_2} P \qquad (11・1)$$

となる．A を反応物といい，I を反応の中間体（intermediate）といい，P を最終生成物という．逐次反応を模式的に描くと，図 11・1 のようになる．矢印の太さからわかるように，図 11・1(a) は $k_1 > k_2$ の場合であり，図 11・1(b) は $k_1 < k_2$ の場合である．

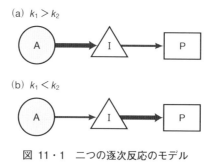

(a) $k_1 > k_2$

(b) $k_1 < k_2$

図 11・1　二つの逐次反応のモデル

それぞれの素反応が1次とすると，反応物 A に関する反応速度式は，§9・4 で説明した1次の単分子反応と同じであり，(9・18)式の k を k_1 で置き換えて，

$$-\mathrm{d}[A]/\mathrm{d}t = k_1[A] \tag{11・2}$$

となる．したがって，反応物 A の濃度変化 $[A]_t$ も(9・23)式の k を k_1 で置き換えて，

$$[A]_t = [A]_0 \exp(-k_1 t) \tag{11・3}$$

となる．逐次反応になっても，反応物 A の濃度変化は1次の単分子反応の濃度変化と変わらない．

一方，反応物 A から生成する中間体 I の濃度変化は，1次の単分子反応の生成物 P の濃度変化と同じではない．なぜならば，反応物 A から生成する増加速度だけではなく，最終生成物 P に変化する減少速度も考慮しなければならないからである．中間体 I に関する反応速度式は次のようになる．

$$\mathrm{d}[I]/\mathrm{d}t = k_1[A] - k_2[I] \tag{11・4}$$

(11・4)式に(11・3)式を代入すると，

$$\mathrm{d}[I]/\mathrm{d}t = [A]_0 k_1 \exp(-k_1 t) - k_2[I] \tag{11・5}$$

が得られる．反応物の初濃度 $[A]_0$ と反応速度定数 k_1 は定数だから，(11・5)式は変数 $[I]$ の反応時間 t に関する微分方程式である．この方程式を解くと，

$$[I]_t = \frac{[A]_0 k_1}{k_2-k_1}\{\exp(-k_1 t) - \exp(-k_2 t)\} \tag{11・6}$$

が得られる．ただし，中間体 I の初濃度 $[I]_0$ は0として，0〜$[I]_t$ と 0〜t の範囲で積分した．実際に(11・6)式を(11・5)式に代入すれば，

$$\text{左辺} = \frac{[A]_0 k_1}{k_2-k_1}\{-k_1 \exp(-k_1 t) + k_2 \exp(-k_2 t)\}$$

$$\text{右辺} = [A]_0 k_1 \exp(-k_1 t) - \frac{[A]_0 k_2 k_1}{k_2-k_1}\{\exp(-k_1 t) - \exp(-k_2 t)\}$$

$$= \frac{[A]_0 k_1}{k_2-k_1}[(k_2-k_1)\exp(-k_1 t) - k_2\{\exp(-k_1 t) - \exp(-k_2 t)\}]$$

$$= \frac{[A]_0 k_1}{k_2-k_1}\{-k_1 \exp(-k_1 t) + k_2 \exp(-k_2 t)\} \tag{11・7}$$

となって，左辺と右辺が等しいから，(11・6)式が(11・5)式の微分方程式の解であることがわかる．

最終生成物Pの濃度の増加速度は，1次の素反応を仮定しているので，中間体Iの濃度 [I] に比例する．

$$\mathrm{d[P]}/\mathrm{d}t = k_2[\mathrm{I}] \tag{11・8}$$

(11・8)式に(11・6)式を代入すると，

$$\mathrm{d[P]}/\mathrm{d}t = \frac{[\mathrm{A}]_0 k_2 k_1}{k_2 - k_1}\{\exp(-k_1 t) - \exp(-k_2 t)\} \tag{11・9}$$

となる．この微分方程式を解くと，最終生成物Pの濃度変化 $[\mathrm{P}]_t$ は次のように求められる（章末問題 11・1 と 11・2 参照）．

$$[\mathrm{P}]_t = [\mathrm{A}]_0\left\{1 - \frac{k_2}{k_2 - k_1}\exp(-k_1 t) + \frac{k_1}{k_2 - k_1}\exp(-k_2 t)\right\} \tag{11・10}$$

ただし，最終生成物Pの初濃度 $[\mathrm{P}]_0$ は0として，$0\sim[\mathrm{P}]_t$ と $0\sim t$ の範囲で積分した．最終生成物Pの濃度変化は素反応（I→P）の反応速度定数 k_2 だけでなく，素反応（A→I）の反応速度定数 k_1 にも依存する．

11・2 律速段階と定常状態

$k_1 > k_2$ の逐次反応〔図 11・1(a)〕で，反応物，中間体，最終生成物の濃度変化を図 11・2 に示す．反応速度定数は $k_1 = 1\,\mathrm{s}^{-1}$，$k_2 = 0.1\,\mathrm{s}^{-1}$ と仮定した*．すでに述べたように，反応物Aの濃度の減少の様子は，1次の単分子反応の場合と同じである（図 9・2 参照）．ただし，横軸の反応時間の目盛は縮めてある．

一方，中間体Iの濃度の増加は，反応開始時に反応物Aの濃度が最も高いの

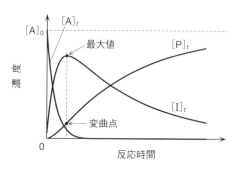

図 11・2　逐次反応（A→I→P）での濃度変化
$(k_1 = 1\,\mathrm{s}^{-1},\ k_2 = 0.1\,\mathrm{s}^{-1})$

---

*　ここでは1次の素反応を仮定しているので，反応速度定数の単位は s^{-1} になる（§9・2参照）．

で最も速い. つまり, 反応開始時にグラフの傾きが最も大きい. そして, 反応
が進むにつれて反応物 A の濃度は減少するので, 中間体 I の濃度の増加はしだ
いに遅くなる. つまり, グラフの傾きが緩やかになり, やがて水平になる. さ
らに反応が進むと, 中間体 I は中間体 I の濃度に比例して最終生成物 P になる
ので, 中間体 I の濃度は減少して, やがて 0 に近づく. したがって, 中間体 I
の濃度は, ある反応時間で最大値を示す.

中間体 I の濃度が最大になる反応時間 (t_{max} で表す) を求めるためには,
(11・6)式を反応時間 t で微分して 0 とおき, 方程式を解けばよい.

$$\frac{d[I]}{dt} = \frac{[A]_0 k_1}{k_2 - k_1} \{-k_1 \exp(-k_1 t_{max}) + k_2 \exp(-k_2 t_{max})\} = 0$$

(11・11)

$[A]_0$, k_1, k_2 は定数だから,

$$k_1 \exp(-k_1 t_{max}) = k_2 \exp(-k_2 t_{max})$$ (11・12)

という条件を満たす必要がある (章末問題 11・3). 両辺の自然対数をとると,

$$\ln k_1 - k_1 t_{max} = \ln k_2 - k_2 t_{max}$$ (11・13)

となる. これを整理すると, 次の式が得られる.

$$t_{max} = \frac{1}{k_1 - k_2} \ln\left(\frac{k_1}{k_2}\right)$$ (11・14)

一方, 最終生成物 P の濃度 $[P]_t$ は中間体 I の濃度 $[I]_t$ に比例し, $[I]_t$ の増加
とともに速くなる. したがって, $[I]_t$ が最大になるまでは $[P]_t$ のグラフは凹型
になる (これを誘導期間という). $[I]_t$ が最大値を越えると, $[I]_t$ の減少とも
に $[P]_t$ の増加はしだいに遅くなり, グラフは凸型になり, やがて水平になる.
つまり, $[I]_t$ が最大になる反応時間で, $[P]_t$ は変曲点となる (§7・5 参照).
実際に, (11・10)式を 2 回微分して 0 とおくと, あるいは(11・9)式を 1 回微分
して 0 とおくと, 次のようになる.

$$\frac{d^2[P]}{dt^2} = \frac{[A]_0 k_2 k_1}{k_2 - k_1} \{-k_1 \exp(-k_1 t) + k_2 \exp(-k_2 t)\} = 0$$ (11・15)

(11・15)式は(11・11)式と同じ条件だから, $[P]_t$ の変曲点を表す反応時間が,
$[I]_t$ の最大になる反応時間〔(11・14)式〕と一致する (図 11・2 参照).

$k_1 < k_2$ の逐次反応〔図 11・1(b)〕で, 反応物, 中間体, 最終生成物の濃度変
化を図 11・3 に示す. 反応速度定数は $k_1 = 0.1\,\mathrm{s^{-1}}$, $k_2 = 1\,\mathrm{s^{-1}}$ と仮定した.

$[A]_t$ の減少は図 11・2 よりも遅い．一方，中間体 I は反応物 A から生成しても，すぐに反応して最終生成物 P になるので，$[I]_t$ は $[A]_t$ や $[P]_t$ に比べてかなり低く，ほとんど一定の値である．つまり，中間体 I の反応速度 $d[I]/dt$ は，反応物 A や最終生成物 P の反応速度（$d[A]/dt$ と $d[P]/dt$）に比べると，かなり低い．$d[I]/dt = 0$ が成り立つ状態を定常状態という．また，逐次反応で，相対的に反応速度定数が小さい素反応を律速段階という．図 11・2 の場合には素反応 I→P が律速段階であり，図 11・3 の場合には素反応 A→I が律速段階となる．

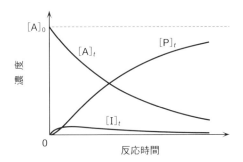

図 11・3　逐次反応（A → I → P）での濃度変化
$(k_1 = 0.1\,\mathrm{s}^{-1},\ k_2 = 1\,\mathrm{s}^{-1})$

　偶然にも $k_1 = k_2$ になる逐次反応の場合も考えておこう．この場合には，(11・6)式も(11・10)式も分母や分子が 0 になるので，工夫が必要である．そこで，$k_2 = k_1 + y$ とおいて，y が限りなく 0 に近いと考えることにする．(11・6)式の k_2 に $k_1 + y$ を代入すると，

$$[I]_t = \frac{[A]_0 k_1}{y}\{\exp(-k_1 t) - \exp(-k_1 t)\exp(-yt)\}$$
$$= \frac{[A]_0 k_1}{y}\exp(-k_1 t)\{1 - \exp(-yt)\} \tag{11・16}$$

となる．ここで，マクローリン展開（II 巻 8 ページの脚注）を利用すると，$\exp(-yt) = 1 - yt$ だから，

$$[I]_t = [A]_0 k_1 t \exp(-k_1 t) \tag{11・17}$$

となる（§10・4 で説明したロピタルの定理を用いても結果は同じ）．中間体 I の濃度は反応時間 t の関数になるので，$k_1 = k_2$ の場合は定常状態ではない．

　一方，最終生成物の濃度変化は(11・10)式より，

$$[P]_t = [A]_0\left\{1 - \frac{k_1+y}{y}\exp(-k_1t) + \frac{k_1}{y}\exp(-k_1t)\exp(-yt)\right\}$$

$$= [A]_0\left\{1 - \frac{k_1}{y}\exp(-k_1t) - \exp(-k_1t) + \frac{k_1}{y}\exp(-k_1t)(1-yt)\right\}$$

$$= [A]_0\left\{1 - \frac{k_1}{y}\exp(-k_1t) - \exp(-k_1t)\right.$$
$$\left. + \frac{k_1}{y}\exp(-k_1t) - \frac{ytk_1}{y}\exp(-k_1t)\right\}$$

$$= [A]_0\{1 - (1+k_1t)\exp(-k_1t)\} \qquad (11\cdot18)$$

となる。あるいは，(11・3)式と(11・17)式を使って，濃度の総和は一定であるという条件（$[A]_0 = [A]_t + [I]_t + [P]_t$）から求めることもできる。

11・3 3段階の逐次反応

3段階の1次の逐次反応も，同様にして考えることができる。それぞれの段階の素反応の反応速度定数を k_1, k_2, k_3 とすれば，化学反応式は，

$$A \xrightarrow{k_1} I_1 \xrightarrow{k_2} I_2 \xrightarrow{k_3} P \qquad (11\cdot19)$$

となる。反応物 A と中間体 I_1 の濃度に関する反応速度式は，前節で説明した2段階の逐次反応と同じである。しかし，中間体 I_2 の反応速度は $[I_1]$ に比例して増加し，$[I_2]$ に比例して減少するから，反応速度式は，

$$d[I_2]/dt = k_2[I_1] - k_3[I_2] \qquad (11\cdot20)$$

となる。(11・20)式の $[I_1]$ に(11・6)式を代入すると，

$$d[I_2]/dt = \frac{[A]_0k_2k_1}{k_2-k_1}\{\exp(-k_1t) - \exp(-k_2t)\} - k_3[I_2] \qquad (11\cdot21)$$

が得られる。これは $[I_2]$ の反応時間 t に関する微分方程式だから解くことができて，解は次のようになる。

$$[I_2]_t = [A]_0k_1k_2\left\{\frac{1}{(k_2-k_1)(k_3-k_1)}\exp(-k_1t)\right.$$
$$\left. + \frac{1}{(k_3-k_2)(k_1-k_2)}\exp(-k_2t) + \frac{1}{(k_1-k_3)(k_2-k_3)}\exp(-k_3t)\right\}$$
$$(11\cdot22)$$

また，中間体 I_1，中間体 I_2 と最終生成物 P の初濃度が 0 だったとすると（$[I_1]_0 = [I_2]_0 = [P]_0 = 0$），濃度の総和は一定であるという条件（$[A]_0 = [A]_t + [I_1]_t + [I_2]_t + [P]_t$）から，次の関係式が成り立つ.

$$[P]_t = [A]_0 - [A]_t - [I_1]_t - [I_2]_t \tag{11·23}$$

(11·23)式に(11·3)式，(11·6)式，(11·22)式を代入して整理すると，最終生成物 P の濃度変化 $[P]_t$ は，

$$
\begin{aligned}
[P]_t = [A]_0 \Bigg\{ &1 - \frac{k_2 k_3}{(k_2 - k_1)(k_3 - k_1)} \exp(-k_1 t) \\
&- \frac{k_3 k_1}{(k_3 - k_2)(k_1 - k_2)} \exp(-k_2 t) - \frac{k_1 k_2}{(k_1 - k_3)(k_2 - k_3)} \exp(-k_3 t) \Bigg\}
\end{aligned}
$$
$$\tag{11·24}$$

と求められる（章末問題 11·6）. 反応速度定数を $k_1 = 1\,\mathrm{s}^{-1}$, $k_2 = 0.5\,\mathrm{s}^{-1}$, $k_3 = 0.1\,\mathrm{s}^{-1}$ と仮定して，それぞれの濃度変化を図 11·4 に示す.

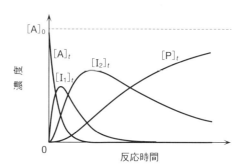

図 11·4　逐次反応（$A \to I_1 \to I_2 \to P$）での濃度変化
（$k_1 = 1\,\mathrm{s}^{-1}$, $k_2 = 0.5\,\mathrm{s}^{-1}$, $k_3 = 0.1\,\mathrm{s}^{-1}$）

11·4　逐次反応を含む並発反応

　実際の反応では，中間体を経る 1 次の逐次反応だけではなく，中間体を経ずに最終生成物ができる 1 次の素反応（直接反応とよぶことにする）も同時に起こる並発反応もある. 反応物を A，中間体を I，最終生成物を P とする. また，逐次反応（$A \to I \to P$）の反応速度定数を k_1, k_2 として，直接反応（$A \to P$）の反応速度定数を k_3 とすると，化学反応式は，

$$A \xrightarrow{\ k_1\ } I \xrightarrow{\ k_2\ } P \quad \text{または} \quad A \xrightarrow{\ k_3\ } P \tag{11·25}$$

となる. 反応物 A に関する反応速度式は,§10・2 で説明した並発反応の反応物に関する反応速度式と同じであり,

$$-\mathrm{d}[\mathrm{A}]/\mathrm{d}t = k_1[\mathrm{A}] + k_3[\mathrm{A}] = (k_1+k_3)[\mathrm{A}] \qquad (11\cdot26)$$

となる. ただし,(10・6)式の k_P の代わりに k_1 とし,k_Q の代わりに k_3 とした. したがって,反応物 A の濃度変化 $[\mathrm{A}]_t$ は次のようになる〔(10・7)式参照〕.

$$[\mathrm{A}]_t = [\mathrm{A}]_0 \exp\{-(k_1+k_3)t\} \qquad (11\cdot27)$$

中間体 I に関する反応速度式は,

$$\mathrm{d}[\mathrm{I}]/\mathrm{d}t = k_1[\mathrm{A}] - k_2[\mathrm{I}] = [\mathrm{A}]_0 k_1 \exp\{-(k_1+k_3)t\} - k_2[\mathrm{I}] \quad (11\cdot28)$$

となる.(11・5)式と比較するとわかるが,中間体 I の濃度変化 $[\mathrm{I}]_t$ は(11・6)式の指数関数のなかの k_1 を k_1+k_3 で置き換えればよい.

$$[\mathrm{I}]_t = \frac{[\mathrm{A}]_0 k_1}{k_2-(k_1+k_3)} [\exp\{-(k_1+k_3)t\} - \exp(-k_2t)] \qquad (11\cdot29)$$

ただし,右辺の分数の分子の k_1 は k_1+k_3 ではなく,k_1 のままである.

一方,最終生成物 P に関しては,逐次反応によって中間体 I からできる分子と,直接反応によって反応物 A からできる分子の合計を考える必要がある. 反応速度式で表せば,

$$\mathrm{d}[\mathrm{P}]/\mathrm{d}t = k_2[\mathrm{I}] + k_3[\mathrm{A}] \qquad (11\cdot30)$$

となる.(11・30)式に(11・27)式と(11・29)式を代入すれば,

$$
\begin{aligned}
\mathrm{d}[\mathrm{P}]/\mathrm{d}t &= \frac{[\mathrm{A}]_0 k_2 k_1}{k_2-(k_1+k_3)} [\exp\{-(k_1+k_3)t\} - \exp(-k_2t)] + [\mathrm{A}]_0 k_3 \exp\{-(k_1+k_3)t\} \\
&= \left\{\frac{[\mathrm{A}]_0 k_2 k_1}{k_2-(k_1+k_3)} + [\mathrm{A}]_0 k_3\right\} \exp\{-(k_1+k_3)t\} - \frac{[\mathrm{A}]_0 k_2 k_1}{k_2-(k_1+k_3)} \exp(-k_2t) \\
&= \frac{[\mathrm{A}]_0 (k_2-k_3)(k_1+k_3)}{k_2-(k_1+k_3)} \exp\{-(k_1+k_3)t\} - \frac{[\mathrm{A}]_0 k_2 k_1}{k_2-(k_1+k_3)} \exp(-k_2t)
\end{aligned}
$$

$$(11\cdot31)$$

が得られる. これを $0\sim[\mathrm{P}]_t$ と $0\sim t$ の範囲で積分すれば,

$$
\begin{aligned}
[\mathrm{P}]_t &= \frac{-[\mathrm{A}]_0 (k_2-k_3)}{k_2-(k_1+k_3)} [\exp\{-(k_1+k_3)t\}-1] + \frac{[\mathrm{A}]_0 k_1}{k_2-(k_1+k_3)} \{\exp(-k_2t)-1\} \\
&= [\mathrm{A}]_0\left[1 - \frac{k_2-k_3}{k_2-(k_1+k_3)} \exp\{-(k_1+k_3)t\} + \frac{k_1}{k_2-(k_1+k_3)} \exp(-k_2t)\right]
\end{aligned}
$$

$$(11\cdot32)$$

となる．あるいは，(11・27)式と(11・29)式を使って，濃度の総和は一定であるという条件（$[A]_0 = [A]_t + [I]_t + [P]_t$）から求めることもできる．

11・5　2-ブテンとNO_2の光反応

　具体的な反応例として，アルゴン固体中の$CH_3CH=CHCH_3$（2-ブテン）とNO_2（二酸化窒素）の光反応[*1]について説明する（低温マトリックス単離法についてはII巻§16・5を参照）．極低温（約10 K）のアルゴン固体中では，余分な熱エネルギーが除かれるので，2-ブテンとNO_2は弱い分子間相互作用によって安定な会合体をつくる（8章参照）．この会合体を反応物とする単分子反応を考えることにする．すでに§9・2で説明したように，反応速度式は濃度だけではなく，分子数Nや数密度ρでも成り立つ．そこで，アルゴン固体中の反応中間体および最終生成物の分子数の時間変化が，前節で説明した(11・29)式および(11・32)式を使って，実際に説明できるかどうかを調べる．

　アルゴン固体中の相対的な分子数は，赤外吸収スペクトルの解析から求めることができる．赤外吸収スペクトルは分子によって異なる赤外吸収バンドを与えるので，測定したそれぞれの赤外吸収バンドの強度（II巻§2・4で定義した吸光度）の比から，相対的な分子数を求めることができる．吸光度が大きければたくさん分子があり，吸光度が小さければ分子が少ないという意味である．したがって，赤外吸収スペクトルの解析から，会合体に光照射したときの中間体と最終生成物がどのような分子であり，光照射時間（反応時間に相当）とともに相対的な分子数がどのように変化するか（濃度変化に相当）を調べることができる[*2]．

　2-ブテンとNO_2の会合体の光反応によってできる中間体は，ブテンの二重結合をつくっていたC原子に，NO_2のO原子が結合したニトロソオキシ基を含む炭素ラジカル（以降，ラジカルとよぶ）である．一方，最終生成物は2,3-ジメチルオキシラン（以降，オキシランとよぶ）とNO（一酸化窒素）である．中間体のラジカルは，室温では熱エネルギーによってすぐに反応してしまうが，極低温のアルゴン固体中では安定に存在するので，赤外吸収スペクトルを測定

---

*1　光反応では，どのくらいの割合で光を吸収するかという吸光係数，遷移確率，電子励起状態の寿命や緩和などを考える必要があり（II巻参照），熱反応と比べて複雑である．しかし，ここでは反応速度式の基本を理解するために，光反応と熱反応を同じように扱えると仮定して説明する．

*2　分子数を求めるためには吸光度を赤外吸収バンドの吸光係数で補正する必要がある．

できる．しかし，光照射を続けると，中間体のラジカルは NO を解離して，最終生成物のオキシランになる．逐次反応の反応速度定数を k_1 と k_2 とすると，化学反応式は，

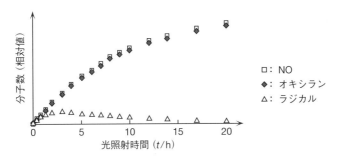

$$(11 \cdot 33)$$

となる．光照射時間（反応時間）に対して，中間体，最終生成物のそれぞれの吸光度から計算した分子数の時間変化を図 11・5 に示す*．最終生成物のオキシラン（図 11・5 の ◆）と NO（図 11・5 の □）は分解反応で同時に生成するから，当然ながら，光照射時間に対する分子数の変化の様子は同じになる．

図 11・5　2-ブテンと NO₂ の光反応での中間体と最終生成物の濃度変化

　もしも，逐次反応だけで最終生成物ができるならば，§11・2 で説明したように，誘導期間（反応初期に分子数の増加が凹になる期間）が観測されるはずである（図 11・3 参照）．しかし，図 11・5 の最終生成物（オキシランと NO）の分子数の誘導期間は，はっきりしない．その原因は，§11・4 で説明した逐次反応と直接反応の両方が起こる並発反応だからである．直接反応の反応速度定数を k_3 とすれば，化学反応式は次のようになる．

---

*　アルゴン固体中には複数の NO₂ が関与する会合体があり，赤外吸収スペクトルが複雑なので，反応物である会合体の分子数の時間変化は省略する．

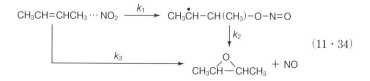

$$(11 \cdot 34)$$

(11・29)式と(11・32)式を使って，中間体と最終生成物の分子数の時間変化から，最小二乗法によって反応速度定数 k_1, k_2, k_3 を求めると，$k_1 = 0.09\ \mathrm{h^{-1}}$, $k_2 = 0.90\ \mathrm{h^{-1}}$, $k_3 = 0.02\ \mathrm{h^{-1}}$ が得られる（$\mathrm{h^{-1}}$ は時間の逆数）．k_1 のほうが k_3 よりも大きいので，中間体を経る逐次反応が主反応であり，直接反応が副反応である．また，$k_1 < k_2$ だから，光照射によってラジカルのできる反応が逐次反応の律速段階である．

章末問題

11・1　(11・9)式を $0 \sim [\mathrm{P}]_t$ と $0 \sim t$ の範囲で積分して，(11・10)式を求めよ．

11・2　(11・10)式の両辺を反応時間 t で微分して，(11・10)式が(11・9)式の解であることを確認せよ．

11・3　(11・4)式を使って，1次の逐次反応 ($\mathrm{A} \to \mathrm{I} \to \mathrm{P}$) の $[\mathrm{I}]$ が最大値を示す反応時間の式を求めよ．

11・4　1次の逐次反応 ($\mathrm{A} \to \mathrm{I} \to \mathrm{P}$) では，$[\mathrm{I}]$ の最大値を示す反応時間は(11・14)式で表される．$k_1 = k_2$ の場合にはどのような式になるか．

11・5　1次の逐次反応 ($\mathrm{A} \to \mathrm{I} \to \mathrm{P}$) で，次の反応速度定数の場合に，$[\mathrm{I}]$ が最大値を示す反応時間を求めよ．

(a) $k_1 = 1\ \mathrm{s^{-1}}$, $k_2 = 0.1\ \mathrm{s^{-1}}$　　　　(b) $k_1 = 1\ \mathrm{s^{-1}}$, $k_2 = 1\ \mathrm{s^{-1}}$

(c) $k_1 = 0.1\ \mathrm{s^{-1}}$, $k_2 = 1\ \mathrm{s^{-1}}$　　　　(d) $k_1 = 0.01\ \mathrm{s^{-1}}$, $k_2 = 1\ \mathrm{s^{-1}}$

11・6　(11・3)式，(11・6)式，(11・22)式，(11・23)式から(11・24)式を導け．

11・7　§11・4で説明した逐次反応を含む並発反応が，図10・1(b)の化学反応 II と同じになるためには，反応速度定数にどのような条件をつければよいか．

11・8　前問の条件で，最終生成物の濃度変化を表す(11・32)式が，化学反応 II の生成物の濃度変化を表す(10・10)式と同じになることを確認せよ．

11・9　エチレンと $\mathrm{NO_2}$ の会合体の光反応の中間体は，ニトロソオキシ基を含

む炭素ラジカルであり，最終生成物はアセトアルデヒドとオキシランである．

$$CH_2=CH_2\cdots NO_2 \longrightarrow \dot{C}H_2-CH_2-ONO \longrightarrow CH_3CHO \quad または \quad \underset{CH_2-CH_2}{\overset{O}{\triangle}} + NO$$

また，アセトアルデヒドは直接反応で会合体からできるが，オキシランは会合体から直接できないとする．会合体を A，ラジカルを I，アセトアルデヒドを P，オキシランを Q として，化学反応式を答えよ．ただし，NO は省略してよい．

11・10　前問の素反応をすべて1次反応として，それぞれの反応速度式を求めよ．ただし，素反応 A→I，I→P，I→Q，A→P に関するそれぞれの反応速度定数を k_1，k_2，k_3，k_4 とする．

12

可逆反応と平衡定数

生成物が反応して，もとの反応物に戻る反応を可逆反応という．最終的な生成物と反応物の濃度比を平衡定数といい，反応速度定数の比になる．反応速度定数は温度に依存し，頻度因子と活性化エネルギーを使ったアレニウスの式で表すことができる．さまざまな温度で反応速度定数を決定すると，活性化エネルギーを求めることができる．

12・1 可逆反応の濃度変化

これまでは，一つの方向に進む素反応を考えてきた．このような化学反応を不可逆反応という．しかし，実際の反応では，逆向きの反応も起こる場合が多い．たとえば，§9・2で説明した CH_3NC の異性化反応（正反応）も，温度が高いと生成物の CH_3CN が CH_3NC になる逆反応が起こる*．あるいは，§10・4で説明した HI 分子の不均化反応（$2HI \rightarrow H_2 + I_2$）も，温度が高いと逆反応の均化反応（$H_2 + I_2 \rightarrow 2HI$）が起こる．このような反応を可逆反応という．

まずは，A と B に関する 1 次の可逆反応を考える．正反応 A → B の反応速度定数を k_1，逆反応 A ← B の反応速度定数を k_{-1} とすると，化学反応式は，

$$A \underset{k_{-1}}{\overset{k_1}{\rightleftharpoons}} B \qquad (12・1)$$

と書ける．A と B に関する反応速度式は次のようなる．

$$-d[A]/dt = d[B]/dt = k_1[A] - k_{-1}[B] \qquad (12・2)$$

反応速度 $d[B]/dt$ は濃度 [A] に比例して増加し，逆反応のために濃度 [B] に比例して減少する．

それぞれの初濃度を $[A]_0$ および $[B]_0$ とすると，$[A]_t$ と $[B]_t$ の総和はどの反応時間でも一定だから，

---

* どちらが反応物で，どちらが生成物かは決まっていない．したがって，どちらの素反応が正反応で，どちらの反応が逆反応かも決まっていない．

$$[A]_t + [B]_t = [A]_0 + [B]_0 \tag{12・3}$$

が成り立つ．(12・3)式から $[B]_t$ を求めて(12・2)式に代入すると，

$$
\begin{aligned}
-\mathrm{d}[A]/\mathrm{d}t &= k_1[A] - k_{-1}([A]_0 + [B]_0 - [A]) \\
&= -([A]_0 + [B]_0)k_{-1} + (k_1 + k_{-1})[A] \\
&= -(k_1 + k_{-1})\left\{ \frac{([A]_0 + [B]_0)k_{-1}}{k_1 + k_{-1}} - [A] \right\}
\end{aligned}
\tag{12・4}
$$

が得られる．ここで，

$$c = \frac{([A]_0 + [B]_0)k_{-1}}{k_1 + k_{-1}} \tag{12・5}$$

とおいて整理すると，$[A]$ に関する次の微分方程式が得られる．

$$\frac{1}{c - [A]}\mathrm{d}[A] = (k_1 + k_{-1})\mathrm{d}t \tag{12・6}$$

両辺をそれぞれ $[A]_0 \sim [A]_t$ と $0 \sim t$ の範囲で積分して整理すると，

$$-\ln\left(\frac{c - [A]_t}{c - [A]_0} \right) = (k_1 + k_{-1})t \tag{12・7}$$

となる（章末問題 12・1）．さらに両辺を指数関数にして整理すると，A の濃度変化 $[A]_t$ は次のようになる．

$$
\begin{aligned}
[A]_t &= c - (c - [A]_0)\exp\{-(k_1 + k_{-1})t\} \\
&= c[1 - \exp\{-(k_1 + k_{-1})t\}] + [A]_0\exp\{-(k_1 + k_{-1})t\}
\end{aligned}
\tag{12・8}
$$

もしも，B の初濃度 $[B]_0$ が 0 だったとすると，(12・5)式は，

$$c = \frac{[A]_0 k_{-1}}{k_1 + k_{-1}} \tag{12・9}$$

となるから，(12・8)式に代入すると

$$
\begin{aligned}
[A]_t &= \frac{[A]_0 k_{-1}}{k_1 + k_{-1}}[1 - \exp\{-(k_1 + k_{-1})t\}] + [A]_0\exp\{-(k_1 + k_{-1})t\} \\
&= \frac{[A]_0 k_{-1}}{k_1 + k_{-1}} + \frac{[A]_0}{k_1 + k_{-1}}\{-k_{-1} + k_1 + k_{-1}\}\exp\{-(k_1 + k_{-1})t\} \\
&= \frac{[A]_0}{k_1 + k_{-1}}[k_{-1} + k_1\exp\{-(k_1 + k_{-1})t\}]
\end{aligned}
\tag{12・10}
$$

が得られる．また，(12・10)式と $[B]_0 = 0$ を(12・3)式に代入すれば，B の濃度変化 $[B]_t$ も得られる．

$$[B]_t = [A]_0 - \frac{[A]_0}{k_1+k_{-1}}[k_{-1} + k_1 \exp\{-(k_1+k_{-1})t\}]$$

$$= \frac{[A]_0 k_1}{k_1+k_{-1}}[1-\exp\{-(k_1+k_{-1})t\}] \qquad (12 \cdot 11)$$

12・2　反応速度定数と平衡定数

　可逆反応 (A ⇄ B) の濃度変化を図 12・1 に示す. $[A]_0 = 1\ \mathrm{mol\ dm^{-3}}$, $[B]_0 = 0\ \mathrm{mol\ dm^{-3}}$, $k_1 = 1\ \mathrm{s^{-1}}$, $k_{-1} = 0.1\ \mathrm{s^{-1}}$ を仮定した. 図 12・1 は §9・4 で説明した 1 次の単分子反応の反応物と生成物の濃度変化 (図 9・2) に似ているが, 大きな違いがある. 反応物の濃度 $[A]_t$ が $t \to \infty$ で 0 にならないことである. 可逆反応では常に一部の B が逆反応によって, もとの反応物 A に戻るので, 濃度 $[A]_\infty$ は 0 にはならない. このことは (12・10) 式および (12・11) 式で $t \to \infty$ を代入すると容易にわかる. $t \to \infty$ で指数関数の部分は 0 だから,

$$[A]_\infty = \frac{[A]_0 k_{-1}}{k_1+k_{-1}} \quad \text{および} \quad [B]_\infty = \frac{[A]_0 k_1}{k_1+k_{-1}} \qquad (12 \cdot 12)$$

となる. そうすると, 次の関係式が得られる.

$$\frac{[B]_\infty}{[A]_\infty} = \frac{k_1}{k_{-1}} \qquad (12 \cdot 13)$$

あるいは, 平衡状態 ($t \to \infty$) では, もはや濃度が変わらないから, (12・2) 式の反応速度が 0 になる. したがって,

$$k_1[A]_\infty - k_{-1}[B]_\infty = 0 \qquad (12 \cdot 14)$$

が成り立つ. これは (12・13) 式と同じ式である.

　可逆反応では, 個々の分子は A になったり B になったりしているが, $t \to \infty$

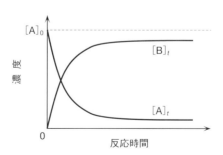

図 12・1　可逆反応 (**A ⇆ B**) での濃度変化 ($[A]_0 = 1\ \mathrm{mol\ dm^{-3}}$, $[B]_0 = 0\ \mathrm{mol\ dm^{-3}}$, $k_1 = 1\ \mathrm{s^{-1}}$, $k_{-1} = 0.1\ \mathrm{s^{-1}}$)

ではAもBも濃度が変わらない状態である．1章で説明したように，このような状態を平衡状態という[*1]．また，平衡状態での濃度比 $[B]_\infty/[A]_\infty$ を平衡定数といい[*2]，K_{eq} で表す．添え字の eq は equilibrium（平衡）の省略形である．平衡定数 K_{eq} は正反応と逆反応の反応速度定数の比に等しい〔(12・13)式参照〕．

$$K_{eq} = \frac{[B]_\infty}{[A]_\infty} = \frac{k_1}{k_{-1}} \tag{12・15}$$

図12・1では $k_1 = 1\ \mathrm{s^{-1}}$, $k_{-1} = 0.1\ \mathrm{s^{-1}}$ だから，平衡定数 K_{eq} は $[B]_\infty/[A]_\infty = 10$ になる．反応速度定数が同じで，初濃度が $[A]_0 = 0.5\ \mathrm{mol\ dm^{-3}}$, $[B]_0 = 0.5\ \mathrm{mol\ dm^{-3}}$ の場合の濃度変化を図12・2に示す．K_{eq} はやはり $[B]_\infty/[A]_\infty = 10$ になる．平衡定数 K_{eq} は反応速度定数によって決まり，初濃度には依存しない．

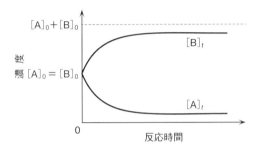

図 12・2　可逆反応（$\mathbf{A \rightleftarrows B}$）での濃度変化（$[A]_0 = 0.5\ \mathrm{mol\ dm^{-3}}$, $[B]_0 = 0.5\ \mathrm{mol\ dm^{-3}}$, $k_1 = 1\ \mathrm{s^{-1}}$, $k_{-1} = 0.1\ \mathrm{s^{-1}}$）

　次に，2段階の可逆反応を考える．A→Bの反応速度定数を k_1, A←Bの反応速度定数を k_{-1} とし，また，B→Cの反応速度定数を k_2, B←Cの反応速度定数を k_{-2} とする．2段階の可逆反応の化学反応式は，

$$A \underset{k_{-1}}{\overset{k_1}{\rightleftarrows}} B \underset{k_{-2}}{\overset{k_2}{\rightleftarrows}} C \tag{12・16}$$

となる．Bは中間体のような役割を果たしているが，可逆反応なので最終的に0にはならない．A，B，Cに関する反応速度式は，すべての素反応が1次であると仮定すると，

[*1]　化学反応の伴う平衡状態を特に化学平衡という．Ⅳ巻11章で詳しく説明する．
[*2]　平衡状態と反応終了時（$t \rightarrow \infty$）の状態は異なる概念である．平衡状態での濃度を $[A]_{eq}$ として，$[A]_\infty$ と区別することもある．しかし，厳密には無限の時間が経たないと平衡状態にはならないので，ここでは平衡状態での濃度を $[A]_\infty$ で表す．

$$\mathrm{d}[\mathrm{A}]/\mathrm{d}t = -k_1[\mathrm{A}] + k_{-1}[\mathrm{B}] \qquad (12 \cdot 17)$$

$$\mathrm{d}[\mathrm{B}]/\mathrm{d}t = k_1[\mathrm{A}] - k_{-1}[\mathrm{B}] - k_2[\mathrm{B}] + k_{-2}[\mathrm{C}] \qquad (12 \cdot 18)$$

$$\mathrm{d}[\mathrm{C}]/\mathrm{d}t = k_2[\mathrm{B}] - k_{-2}[\mathrm{C}] \qquad (12 \cdot 19)$$

となる. これらの反応速度式を解くことは煩雑なので, 以下では $t \to \infty$ での平衡状態を考えることにする.

(12·13)式からの類推で, 平衡状態では次の関係式が成り立つはずである.

$$\frac{[\mathrm{B}]_\infty}{[\mathrm{A}]_\infty} = \frac{k_1}{k_{-1}} \quad \text{および} \quad \frac{[\mathrm{C}]_\infty}{[\mathrm{B}]_\infty} = \frac{k_2}{k_{-2}} \qquad (12 \cdot 20)$$

また, 反応開始時にAのみが存在したとする ($[\mathrm{B}]_0 = [\mathrm{C}]_0 = 0$) と, 濃度の総和は常に一定であり, 平衡状態でも変わらないから,

$$[\mathrm{A}]_0 = [\mathrm{A}]_\infty + [\mathrm{B}]_\infty + [\mathrm{C}]_\infty \qquad (12 \cdot 21)$$

という関係式が成り立つ. また, (12·20)式から,

$$[\mathrm{B}]_\infty = \frac{[\mathrm{A}]_\infty k_1}{k_{-1}} \quad \text{および} \quad [\mathrm{C}]_\infty = \frac{[\mathrm{B}]_\infty k_2}{k_{-2}} = \frac{[\mathrm{A}]_\infty k_1 k_2}{k_{-1} k_{-2}}$$

$$(12 \cdot 22)$$

が成り立つ. したがって, (12·21)式は,

$$[\mathrm{A}]_0 = [\mathrm{A}]_\infty + \frac{[\mathrm{A}]_\infty k_1}{k_{-1}} + \frac{[\mathrm{A}]_\infty k_1 k_2}{k_{-1} k_{-2}}$$

$$= \frac{[\mathrm{A}]_\infty (k_{-1} k_{-2} + k_1 k_{-2} + k_1 k_2)}{k_{-1} k_{-2}} \qquad (12 \cdot 23)$$

となる. したがって, $[\mathrm{A}]_\infty$ は次のように表される.

$$[\mathrm{A}]_\infty = \frac{[\mathrm{A}]_0 k_{-1} k_{-2}}{k_{-1} k_{-2} + k_1 k_{-2} + k_1 k_2} \qquad (12 \cdot 24)$$

同様にして, $[\mathrm{B}]_\infty$ と $[\mathrm{C}]_\infty$ は,

$$[\mathrm{B}]_\infty = \frac{[\mathrm{A}]_0 k_1 k_{-2}}{k_{-1} k_{-2} + k_1 k_{-2} + k_1 k_2} \qquad (12 \cdot 25)$$

$$[\mathrm{C}]_\infty = \frac{[\mathrm{A}]_0 k_1 k_2}{k_{-1} k_{-2} + k_1 k_{-2} + k_1 k_2} \qquad (12 \cdot 26)$$

となる (章末問題 12·5). 2段階の可逆反応では, 平衡状態になる前の濃度を求めることはむずかしいが, 平衡状態での濃度の比は反応速度定数によって決まり, 次のようになる.

$$[\mathrm{A}]_\infty : [\mathrm{B}]_\infty : [\mathrm{C}]_\infty = k_{-1} k_{-2} : k_1 k_{-2} : k_1 k_2 \qquad (12 \cdot 27)$$

12・3　反応速度定数の温度依存性

これまでは，一定の温度で化学反応を考えてきた．この場合には，それぞれの素反応の反応速度定数 k は一定である．しかし，反応速度定数 k の値は温度 T に強く依存する．アレニウス（S. A. Arrhenius）は反応速度定数と温度の関係を表す次の式を提案した．

$$k = A \exp\left(-\frac{E_a}{RT}\right) \tag{12・28}$$

これをアレニウスの式という．A は頻度因子とよばれる定数で，単位は反応速度定数と同じであり，1 次反応ならば時間の逆数 s^{-1} となる．E_a は活性化エネルギーとよばれ，反応物が反応するために供給されなければならない最低限のエネルギーである．E_a の単位は 1 mol あたりのエネルギーを表す $J\,mol^{-1}$ である．1 章で説明したように，R はモル気体定数（単位は $J\,K^{-1}\,mol^{-1}$）であり，T は熱力学温度（単位は K）である．そうすると，E_a/RT が無次元となるので指数関数を計算できる．もしも，モル気体定数 R の代わりにボルツマン定数 k_B（単位は $J\,K^{-1}$）を用いるならば，活性化エネルギー E_a の単位はエネルギーを表す J にすればよい．活性化エネルギー E_a は正の値であることが多い*．そうすると，(12・28)式からわかるように $-E_a/RT$ が負の値だから，温度 T が高くなると反応速度定数 k も大きくなる（章末問題 12・6）．4～6 章で説明したように，温度が高くなれば並進エネルギーの平均値だけでなく，分子内エネルギー（振動エネルギー，回転エネルギーなど）の平均値も高くなり，化学反応（化学結合の変化）が進みやすくなるという意味である．

　活性化エネルギー E_a（正の値）を使って，可逆反応（A $\rightleftarrows$ B）を図 12・3 で説明する．縦軸にエネルギーをとり，横軸に反応座標をとった．反応座標は物理量ではないので，値の大小関係を表さない（軸の矢印をつけない）．右に進めば正反応を表し，左に進めば逆反応を表し，反応によって分子のエネルギーがどのように変化するかを縦軸で表す．図 12・3 では A を反応物，B を生成物として，生成物 B のほうが反応物 A よりもエネルギーが低い（安定である）とした．また，反応が進むためには反応物 A のエネルギーが高くなって，山（障壁）を越える必要がある（I 巻 19 章の回転障壁や II 巻 15 章の反転障壁を参照）．

---

　*　温度が高くなると反応速度定数が小さくなる反応もある．たとえば，弱い分子間相互作用（8 章参照）で結合した会合体が中間体の場合である．温度が高いと，中間体が容易に壊れて，反応が進まなくなる．つまり，反応速度定数が小さくなる．

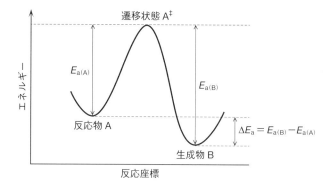

図 12・3　活性化エネルギー E_a と遷移状態 $A^{\ddagger}$

山の頂上付近にある分子の状態を遷移状態という（$A^{\ddagger}$ と書く）．もしも，山がなければ，反応物 A は滑り台を滑るようにして，自然に生成物 B になってしまい，反応物 A は安定に存在できないことになる．

　正反応（$A \rightarrow B$）の活性化エネルギー $E_{a(A)}$ と，逆反応（$A \leftarrow B$）の活性化エネルギー $E_{a(B)}$ は大きさが異なる．反応物 A からみた山の高さのほうが低く，生成物 B からみた山の高さのほうが高い．（12・28）式からわかるように，活性化エネルギー E_a が低ければ反応速度定数 k は大きく，活性化エネルギー E_a が高ければ反応速度定数 k は小さい（章末問題 12・7）．つまり，活性化エネルギーが低いほど，山を越えて反応が進みやすいと考えればよい．

　アレニウスの式を使うと，可逆反応（$A \rightleftarrows B$）の平衡定数 K_{eq} は，

$$K_{eq} = \frac{[B]_\infty}{[A]_\infty} = \frac{k_1}{k_{-1}}$$

$$= \frac{A_{(A)} \exp(-E_{a(A)}/RT)}{A_{(B)} \exp(-E_{a(B)}/RT)} = \frac{A_{(A)}}{A_{(B)}} \exp\left(\frac{\Delta E_a}{RT}\right) \quad (12 \cdot 29)$$

となる．ここで，ΔE_a は活性化エネルギーの差 $E_{a(B)} - E_{a(A)}$（正の値）を表す．

12・4　ボルツマンプロット

　（12・29）式で示したように，平衡定数 K_{eq} は温度に依存する．そうすると，平衡状態での反応物 A と生成物 B の濃度の比が，温度によって変わることになる．濃度の代わりに反応物 A の分子数 N_A（アボガドロ定数ではない）と，生成物 B の分子数 N_B で（12・29）式を表せば，次のようになる．

$$K_{eq} = \frac{[B]_\infty}{[A]_\infty} = \frac{n_B/V}{n_A/V} = \frac{N_B}{N_A} = \frac{A_{(A)}}{A_{(B)}} \exp\left(\frac{\Delta E_a}{RT}\right) \quad (12 \cdot 30)$$

逆数をとれば，安定な生成物Bの分子数に対する反応物Aの分子数を表す〔(2・4)式参照〕．

$$\frac{N_A}{N_B} = \frac{A_{(B)}}{A_{(A)}} \exp\left(-\frac{\Delta E_a}{RT}\right) \quad (12 \cdot 31)$$

ここで，活性化エネルギーの差 ΔE_a に比べて，頻度因子 $A_{(A)}$ と $A_{(B)}$ の差は小さいので $A_{(B)} = A_{(A)}$ と近似すれば，まさにボルツマン分布則を表す（II巻 §2・4参照）．(12・31)式の両辺の自然対数をとると，

$$\ln\left(\frac{N_A}{N_B}\right) = \ln\left(\frac{A_{(B)}}{A_{(A)}}\right) - \frac{\Delta E_a}{RT} \quad (12 \cdot 32)$$

となる．縦軸に $\ln(N_A/N_B)$ をとり，横軸に $1/T$ をとってグラフにすると直線になる．これをボルツマンプロットという．直線の傾きの大きさが $\Delta E_a/R$ となる．つまり，傾きの大きさにモル気体定数 R を掛け算すれば，分子Aと分子Bの活性化エネルギーの差 ΔE_a を求めることができる．具体的な例を以下に示す．

　ヒドロキノンはベンゼン環のパラ位に2個のヒドロキシ基が結合した分子である．ヒドロキシ基のH原子が同じ側にある構造をシス形（シン形ともいう），反対側にある構造をトランス形（アンチ形ともいう）という．

シス形　　　　　　トランス形　　　　　　　　(12・33)

ヒドロキシ基のH原子以外の原子の配置は変わらないので，それぞれのエネルギーはほとんど変わらない．分子数の比は赤外吸収スペクトルを測定すると見積もることができる（§11・5参照）．さまざまな温度（16～75 K）で測定したキセノン固体中のヒドロキノンの赤外吸収スペクトルを図12・4に示す．1245 cm^{-1} と 1247 cm^{-1} の赤外吸収バンドが，それぞれトランス形とシス形によるものである．極低温のキセノン固体中にある分子のバンド幅は狭いので（II巻16章参照），このように2種類の異性体の赤外吸収バンドをはっきりと区別できる．ただし，極低温では熱エネルギーが足りないので，障壁を越えて異

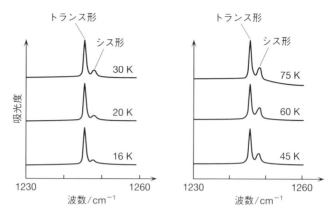

図 12・4　ヒドロキノンの赤外吸収スペクトルの温度変化

性化できない。つまり、平衡状態にはならない。しかし、II巻15章のアンモニアの反転運動で説明したトンネル効果によって、ヒドロキノンはシス形とトランス形が平衡状態になる*。実際、16Kではエネルギーの低いトランス形の赤外吸収バンドの吸光度（分子数に相当）は大きいが、エネルギーの高いシス形の赤外吸収バンドはほとんどみえない。しかし、キセノン固体の温度を徐々に高くすると、シス形の赤外吸収バンドの相対強度が少しずつ大きくなる。

　シス形とトランス形の赤外吸収バンドの吸光度の相対強度から、分子数の比 $N_{シス}/N_{トランス}$ を求めることができる。縦軸に $\ln(N_{シス}/N_{トランス})$ をとり、横軸に温度の逆数 T^{-1} をとったグラフ（ボルツマンプロット）を図12・5に示す。温度が高くなると（グラフを左に進むと）、縦軸の値が0に近づくから、エネルギーの高い不安定なシス形の分子数 $N_{シス}$ が、エネルギーの低い安定なトランス形の分子数 $N_{トランス}$ に近づくことがわかる（$N_{シス}/N_{トランス}$ が1に近づく）。

　図12・5の測定データ（•）を直線（実線）で近似して、傾きの大きさを求めてモル気体定数 R の値を掛け算すると、シス形とトランス形のエネルギー差 ΔE を $0.19\pm0.06\,\mathrm{kJ\,mol^{-1}}$ と見積もることができる。このエネルギー差はとても小さいので、室温で行われる通常の実験方法では、少しぐらい温度を変えて

---

　*　II巻§15・4で説明した NH_3 分子のトンネル効果は対称ポテンシャルでの反転運動なので、反転運動しても分子の形もエネルギーも同じであり、赤外吸収バンドも区別できない。一方、ヒドロキノンのトンネル効果は非対称ポテンシャルでの反転運動なので、反転運動すると分子の形が変わり、また、トランス形とシス形のエネルギーは異なる。つまり、赤外吸収バンドの吸光度の比（分子数の比）は温度に依存する。

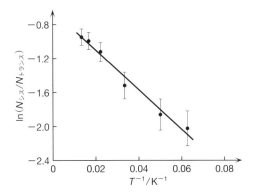

図 12・5 分子数の比と温度との関係 (ボルツマンプロット)

も吸光度の変化を検出できない. しかし, キセノン固体中のような極低温での実験では, 分子数の変化を容易に検出できる. たとえば, 温度差が同じ 30 K でも, 330 K は 300 K の 1.1 倍しか違わないが, 50 K は 20 K の 2.5 倍も違う.

12・5 アレニウスプロット

生成物 B のエネルギーが反応物 A のエネルギーに比べてかなり低い場合には, 化学反応は不可逆反応 (A → B) になる. 生成物からの活性化エネルギーがかなり高くて, 逆反応が起こらないと考えればよい ($E_{a(B)} \gg E_{a(A)}$). アレニウスの式(12・28)の両辺の対数をとると, 次のようになる.

$$\ln k = \ln A - \frac{E_a}{RT} \qquad (12 \cdot 34)$$

さまざまな温度で反応速度定数 k を実験的に決定する. 縦軸に $\ln k$ の値をとり, 横軸に温度の逆数 T^{-1} をとると, グラフは右下がりになり (符号が負), 傾きの大きさが E_a/R となる. 傾きの大きさにモル気体定数 R の値を掛け算すれば, 活性化エネルギー E_a を見積もることができる. 具体的な例を以下に示す.

ポリエチレンのすべての H 原子を F 原子で置き換えたポリマーをポリテトラフルオロエチレン (PTFE と略す) という. ポリエチレンに比べて化学的にとても安定で, 熱や光などによる酸化劣化が起こらない. しかし, PTFE に γ線を照射すると, C−C 結合や C−F 結合が切れてラジカルになり, そこに空気中の O_2 分子が結合して過酸化物ができる. 過酸化物 $-CF_2CF(OOF)-$ は室温では安定であるが, 150℃ 以上の温度になると O−O 結合が切れて, エネル

ギーの高い電子励起状態のカルボニル化合物 (励起カルボニルとよぶ) になり, 余分なエネルギーを放出するために, 直ちに発光する (図 12・6). 電子励起状態の分子からの発光については, II 巻の 8 章と 11 章で詳しく説明した.

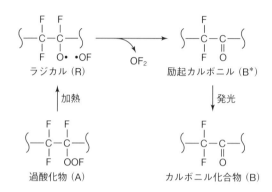

図 12・6　想定されている PTFE の過酸化物の熱発光機構

　詳しいことは省略するが, 過酸化物を A, ラジカルを R, 励起カルボニルを B*, 発光後の電子基底状態のカルボニル化合物を B とすると, この熱発光は逐次反応 (A → R → B* → B) になると考えられる. 励起カルボニルはエネルギーが高いので * をつけた. ただし, 過酸化物の最初の熱反応で生成するラジカルは反応性が高く[1], 直ちに励起カルボニルに変わる (R → B*) ので, R を化学反応式では省略し, 逐次反応 (A → B* → B) と考えることにする.

　励起カルボニル B* の分子数が多ければ強く発光するから, 発光強度が励起カルボニルの分子数に相当すると考えてよい[2]. 図 12・7 は PTFE に γ 線を照射して過酸化物を生成し, その後, 加熱した場合の発光強度の時間変化 (反応時間に相当) を示したものである. この反応は結合が切れる不可逆反応なので, 発光強度は加熱直後に急激に増加して, 最大値になった後に減少する. これは逐次反応の中間体の振舞いである. そこで, 中間体 I の濃度変化を表す(11・6)式を仮定して, それぞれの温度で, 熱反応 (A → B*) の反応速度定数 k_1 と, 発

---

[1]　ラジカルは極低温の貴ガス固体中で安定に存在するが (§11・5や§13・2参照), ここでは加熱実験なので, 直ちに反応する.
[2]　すでに§11・5で説明したように, 光反応と熱反応の機構は本質的に異なる. また, 固体のポリマーのなかにある発光種 (励起カルボニル) の寿命を議論することはむずかしい. しかし, 化学反応の基本を理解するために, ここでは光反応と熱反応の機構を単純化して扱う.

光過程（B* → B）の反応速度定数 k_2 を最小二乗法によって決定する．図12・7の実線は計算値を示す．

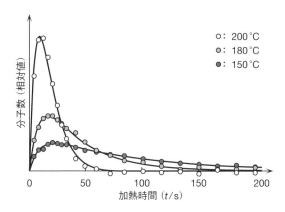

図 12・7　**PTFE の発光強度の時間変化と温度依存性**

　それぞれの温度で求めた熱反応（律速段階）に関する反応速度定数 k_1 を使って，縦軸に $\ln k_1$ をとり，横軸に温度の逆数 T^{-1} をとってグラフにすると図12・8のようになる．最小二乗法によって求めた直線の傾きの大きさは11621 Kである．この値にモル気体定数 R の値を掛け算すると，A → B* の活性化エネルギー E_a は約 100 kJ mol^{-1} となる．この値は過酸化物の O－O 結合の解離エネルギーの値とほぼ一致する．ボルツマンプロットを利用すると，反応物と生成物の活性化エネルギーの差を決めることができ，アレニウスプロットを利用すると，反応物の活性化エネルギーの値を決めることができる．

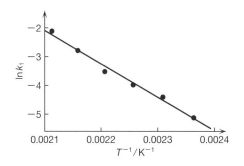

図 12・8　**反応速度定数と温度との関係**（アレニウスプロット）

章 末 問 題

12・1　1次の可逆反応（A⇄B）で，$[A]_0 = 1\,\mathrm{mol\,dm^{-3}}$，$[B]_0 = 0\,\mathrm{mol\,dm^{-3}}$，$k_1 = 1\,\mathrm{s^{-1}}$，$k_{-1} = 1\,\mathrm{s^{-1}}$ とする．AとBの濃度変化を図で示せ．また，平衡状態での濃度比 $[B]_\infty/[A]_\infty$ を求めよ．

12・2　前問で，$[A]_0 = 1\,\mathrm{mol\,dm^{-3}}$，$[B]_0 = 1\,\mathrm{mol\,dm^{-3}}$ ならばどうなるか．

12・3　1次の可逆反応（A⇄B）で，$[B]_0 = 0\,\mathrm{mol\,dm^{-3}}$，$k_{-1} = 0\,\mathrm{s^{-1}}$ とする．AとBの濃度変化を表す(12・10)式と(12・11)式が，1次の不可逆反応（A→B）の濃度変化の式と一致することを確認せよ．

12・4　(12・25)式および(12・26)式を求めよ．

12・5　2段階の1次の可逆反応（A⇄B⇄C）で，反応開始時にはAのみが存在したとする．平衡状態でCとAの濃度比 $[C]_\infty/[A]_\infty$ はどのような式になるか．$k_1 = 1\,\mathrm{s^{-1}}$，$k_{-1} = 0.5\,\mathrm{s^{-1}}$，$k_2 = 1\,\mathrm{s^{-1}}$，$k_{-2} = 0.5\,\mathrm{s^{-1}}$ の場合，$[C]_\infty$ は $[A]_\infty$ の何倍か．

12・6　活性化エネルギー E_a が同じで，温度が2倍になると，反応速度定数は何倍になるか．頻度因子 A は変わらないとする．

12・7　同じ温度で，活性化エネルギー E_a が2倍になると，反応速度定数は何倍になるか．頻度因子 A は変わらないとする．

12・8　反応速度定数を2倍にすると温度はどのような式で表されるか．活性化エネルギー E_a と頻度因子 A は変わらないとする．

12・9　ヒドロキノンの2種類の形のエネルギー差は $0.19\,\mathrm{kJ\,mol^{-1}}$ である．モル気体定数 R を $8.3145\,\mathrm{J\,K^{-1}\,mol^{-1}}$ として，20 K と 40 K でシス形とトランス形の分子数の比を求めよ．40 K での分子数の比は 20 K の分子数の比の何倍になるか．

12・10　前問で，300 K と 330 K では分子数の比がほとんど変わらないことを確認せよ．

13
複合反応とリンデマン機構

一見，単純そうにみえる化学反応でも，素反応で考えると，かなり複雑な化学反応である場合が多い．可逆反応と不可逆反応が同時に起こる並発反応だったり，可逆反応を含む逐次反応だったりする．これらを複合反応という．複合反応の例の一つとしてリンデマン機構を考え，同じ化学反応でも，反応次数が濃度に依存することを説明する．

13・1 可逆反応を含む並発反応

2種類以上の素反応からなる化学反応を複合反応という．これまでに説明した可逆反応も並発反応も逐次反応も，すべて複合反応である．この章では，さらに複雑な複合反応を説明する．まずは，可逆反応と不可逆反応の両方を含む並発反応を考える．可逆反応の正反応（A → B）の反応速度定数を k_1，逆反応（A ← B）の反応速度定数を k_{-1}，不可逆反応（A → P）の反応速度定数を k_2 とすると，化学反応式は，

$$A \underset{k_{-1}}{\overset{k_1}{\rightleftharpoons}} B \quad または \quad A \xrightarrow{k_2} P \qquad (13 \cdot 1)$$

となる．あるいは，可逆反応と不可逆反応を一緒にして，

$$B \underset{k_{-1}}{\overset{k_1}{\rightleftharpoons}} A \xrightarrow{k_2} P \qquad (13 \cdot 2)$$

と書くこともできる．すべての素反応が1次とすると，反応速度式は，

$$d[A]/dt = -k_1[A] + k_{-1}[B] - k_2[A] \qquad (13 \cdot 3)$$

$$d[B]/dt = k_1[A] - k_{-1}[B] \qquad (13 \cdot 4)$$

$$d[P]/dt = k_2[A] \qquad (13 \cdot 5)$$

となる．これらの連立微分方程式を厳密に解くためには，ラプラス変換法あるいは行列法を用いる必要がある*．しかし，かなり高度な数学の説明が必要なの

---

* たとえば，J. I. Steinfeld, J. S. Francisco, W. L. Hase, "Chemical Kinetics and Dynamics", Prentice-Hall, Inc., (1989)［"化学動力学", 佐藤 伸 訳, 東京化学同人 (1995)］参照.

で，ここでは結果だけを示すことにする．

反応開始時に A のみが存在する（$[B]_0 = [P]_0 = 0$）と仮定すると，

$$[A]_t = \frac{[A]_0}{2\gamma}\{(k_1 - k_{-1} + k_2 + \gamma)\exp(-\alpha t) \\ - (k_1 - k_{-1} + k_2 - \gamma)\exp(-\beta t)\} \tag{13・6}$$

$$[B]_t = \frac{[A]_0}{2\gamma}\{-2k_1\exp(-\alpha t) + 2k_1\exp(-\beta t)\} \tag{13・7}$$

$$[P]_t = \frac{[A]_0}{2\gamma}\{2\gamma + (k_1 + k_{-1} - k_2 - \gamma)\exp(-\alpha t) \\ - (k_1 + k_{-1} - k_2 + \gamma)\exp(-\beta t)\} \tag{13・8}$$

となる．ただし，定数 α, β, γ を次のように定義した．

$$\alpha = (k_1 + k_{-1} + k_2 + \gamma)/2 \tag{13・9}$$

$$\beta = (k_1 + k_{-1} + k_2 - \gamma)/2 \tag{13・10}$$

$$\gamma = \{(k_1 + k_{-1} + k_2)^2 - 4k_{-1}k_2\}^{1/2} \tag{13・11}$$

(13・6)式～(13・8)式で $t = 0$ を代入すれば，指数関数の部分は 1 なので，初濃度が $[A]_0 = [A]_0$, $[B]_0 = 0$, $[P]_0 = 0$ になることを確認できる．また，$t \to \infty$ では指数関数の部分が 0 なので，$[A]_\infty = 0$, $[B]_\infty = 0$, $[P]_\infty = [A]_0$ になることを確認できる．さらに，(13・6)式～(13・8)式の両辺を足し算すると，

$$[A]_t + [B]_t + [P]_t$$
$$= \frac{[A]_0}{2\gamma}\{2\gamma + (k_1 - k_{-1} + k_2 + \gamma - 2k_1 + k_1 + k_{-1} - k_2 - \gamma)\exp(-\alpha t) \\ - (k_1 - k_{-1} + k_2 - \gamma - 2k_1 + k_1 + k_{-1} - k_2 + \gamma)\exp(-\beta t)\}$$
$$= [A]_0 \tag{13・12}$$

となって，反応時間に関係なく，濃度の総和が常に一定であり，反応物 A の初濃度 $[A]_0$ に一致することもわかる．

　もしも，$k_2 \gg k_{-1}$ ならば，$k_{-1} = 0$ と近似できる．これは可逆反応の逆反応を考えないということだから，§10・1 で説明した 1 次の並発反応になる（章末問題 13・1）．また，もしも，$k_2 \ll k_{-1}$ ならば，$k_2 = 0$ と近似できる．これは §12・1 で説明した 1 次の可逆反応になる（章末問題 13・2）．

13・2　メチルアデニンの光反応

　可逆反応と不可逆反応の両方を含む並発反応の具体的な例を以下に示す．ア

ルゴン固体中のメチルアデニンに光を照射すると，アミノ基から H 原子が解離して ラジカルができる．

イミン　　　　　　ラジカル(**1**)　　　メチルアデニン　　　ラジカル(**2**)

$$(13・13)$$

この場合に，アミノ基のどちらの H 原子が解離するかによって，2 種類のラジカルが可能である．ラジカル(**1**) は，解離した H 原子が直ちに近くにある別の N 原子に結合してイミンになる．イミンは光照射によって結合した H 原子が解離して，もとの N 原子に再結合して，メチルアデニンに戻る[*1]．つまり，可逆反応である．一方，ラジカル(**2**) は，解離した H 原子が近くの別の N 原子に結合できないので[*2]，極低温のアルゴン固体中では，ラジカルのまま安定に存在する（§12・5 脚注参照）．H 原子はラジカル(**2**) から離れてしまうので，もとのメチルアデニンには戻れない．つまり，メチルアデニンからラジカル(**2**) への反応は不可逆反応である．ラジカル(**1**) の寿命はとても短くて観測できないので，化学反応式では省略し，メチルアデニンを A，イミンを B，ラジカル(**2**) を P とすれば B⇌A→P となり，化学反応式は(13・2)式で表される．

　図13・1に，反応物のメチルアデニン（○），生成物のイミン（△），最終生成物のラジカル(**2**)（□）の赤外吸収バンドの吸光度（分子数に相当）の光照射時間（反応時間に相当）に対する変化を示す．また，(13・6)式〜(13・8)式を使って，最小二乗法解析を行った計算結果を実線で示した．得られた反応速度定数の値は $k_1 = 1.93 \, h^{-1}$，$k_{-1} = 2.05 \, h^{-1}$，$k_2 = 4.95 \, h^{-1}$ である．ただし，反応速度定数の値は，照射する光の波長や強度などの実験条件に依存する．光の強度が強ければ（光子数が多ければ），反応速度定数は大きくなり（反応が速く進み），光の強度が弱ければ（光子数が少なければ），反応速度定数は小さくなる（反応がゆっくり進む）．

[*1] H 原子が移動して二重結合の位置が変わる反応は互変異性の1種である．
[*2] かりに，ラジカル(**2**) の解離した H 原子が近くの別の N 原子と結合すると，共役二重結合が壊れて不安定になってしまう．

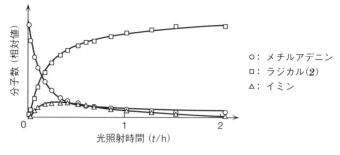

図 13・1　メチルアデニンの光反応での濃度変化

　イミンの初濃度は 0 であるが，可逆反応によって次第に増える．しかし，ラジカル(**2**) への不可逆反応のために，メチルアデニンの濃度が減少するにつれて，イミンの濃度も減少する．みかけ上，イミンは逐次反応の中間体の振舞いを示す（図 11・3 参照）．メチルアデニン（○）もイミン（△）も最終的にはなくなって，すべてが最終生成物のラジカル(**2**)（□）になる．このことは，前節で説明したように，$[A]_\infty = 0$，$[B]_\infty = 0$，$[P]_\infty = [A]_0$ になることを意味する．

13・3　可逆反応を含む逐次反応

　可逆反応を含む逐次反応も，よく起こる化学反応の一つである（14 章の触媒反応や酵素反応など）．可逆反応の正反応（A → B）の反応速度定数を k_1，逆反応（A ← B）の反応速度定数を k_{-1}，不可逆反応（B → P）の反応速度定数を k_2 とすると，化学反応式は，

$$A \underset{k_{-1}}{\overset{k_1}{\rightleftharpoons}} B \overset{k_2}{\longrightarrow} P \qquad (13 \cdot 14)$$

となる．(13・2)式で示した可逆反応を含む並発反応では，反応物 A から不可逆反応によって最終生成物 P ができた．一方，(13・14)式で示した可逆反応を含む逐次反応では，中間体 B から最終生成物の P ができる．すべての素反応が1次であるとすると，それぞれの反応速度式は次のようになる．

$$d[A]/dt = -k_1[A] + k_{-1}[B] \qquad (13 \cdot 15)$$

$$d[B]/dt = k_1[A] - k_{-1}[B] - k_2[B] \qquad (13 \cdot 16)$$

$$d[P]/dt = k_2[B] \qquad (13 \cdot 17)$$

反応開始時に A のみが存在した（$[B]_0 = [P]_0 = 0$）と仮定すると，結果は，

$$[A]_t = \frac{[A]_0}{2\gamma} \{(k_1 - k_{-1} - k_2 + \gamma)\exp(-\alpha t) \\ - (k_1 - k_{-1} - k_2 - \gamma)\exp(-\beta t)\} \qquad (13\cdot18)$$

$$[B]_t = \frac{[A]_0}{2\gamma} \{-2k_1\exp(-\alpha t) + 2k_1\exp(-\beta t)\} \qquad (13\cdot19)$$

$$[P]_t = \frac{[A]_0}{2\gamma} \{2\gamma + (k_1 + k_{-1} + k_2 - \gamma)\exp(-\alpha t) \\ - (k_1 + k_{-1} + k_2 + \gamma)\exp(-\beta t)\} \qquad (13\cdot20)$$

となる．ただし，γ の定義は$(13\cdot11)$式と異なり，k_1 と k_{-1} を置き換えて，$\gamma = \{(k_1 + k_{-1} + k_2)^2 - 4k_1 k_2\}^{1/2}$ となる．もしも，$k_2 \gg k_{-1}$ ならば，$k_{-1} = 0$ と近似できる．これは可逆反応の逆反応を考えないことだから，§11・1で説明した1次の逐次反応になる（章末問題13・3）．また，もしも，$k_2 \ll k_{-1}$ ならば，$k_2 = 0$ と近似できる．これは§12・1で説明した1次の可逆反応になる（章末問題13・4）．

　もしも，$k_1 \ll k_2$ あるいは $k_1 \ll k_{-1}$ ならば，B は生成してもすぐに反応するから，B の濃度はほとんど一定である．つまり，定常状態の近似が成り立つ．定常状態では$d[B]/dt = 0$ だから，$(13\cdot16)$式から次の関係式が得られる*．

$$k_1[A] = k_{-1}[B] + k_2[B] \qquad (13\cdot21)$$

これを変形すると，

$$[B] = \frac{k_1}{k_{-1} + k_2}[A] \qquad (13\cdot22)$$

となる．これを$(13\cdot15)$式に代入すると，

$$d[A]/dt = -k_1[A] + \frac{k_{-1}k_1}{k_{-1} + k_2}[A] = \frac{-k_1 k_2}{k_{-1} + k_2}[A] \qquad (13\cdot23)$$

が得られる．この $[A]$ に関する微分方程式を $[A]_0 \sim [A]_t$ と $0 \sim t$ の範囲で積分すれば，反応物 A の濃度変化 $[A]_t$ は次のようになる．

$$[A]_t = [A]_0 \exp\left(-\frac{k_1 k_2}{k_{-1} + k_2}t\right) \qquad (13\cdot24)$$

　また，$(13\cdot22)$式を$(13\cdot17)$式の $[B]$ に代入すれば，

---

　*　Bの濃度が定常状態でも，AはBを経由してPになるので，AとPの濃度は反応時間とともに変化する．

$$\mathrm{d}[\mathrm{P}]/\mathrm{d}t = \frac{k_2 k_1}{k_{-1}+k_2}[\mathrm{A}] \qquad (13 \cdot 25)$$

となる. さらに, (13・24)式を代入すると,

$$\mathrm{d}[\mathrm{P}]/\mathrm{d}t = \frac{[\mathrm{A}]_0 k_2 k_1}{k_{-1}+k_2}\exp\left(-\frac{k_1 k_2}{k_{-1}+k_2}t\right) \qquad (13 \cdot 26)$$

が得られる. これを $0 \sim [\mathrm{P}]_t$ と $0 \sim t$ の範囲で積分すると, 最終生成物 P の濃度変化 $[\mathrm{P}]_t$ は次のようになる.

$$[\mathrm{P}]_t = [\mathrm{A}]_0\left\{1-\exp\left(-\frac{k_1 k_2}{k_{-1}+k_2}t\right)\right\} \qquad (13 \cdot 27)$$

また, さらに, $k_{-1} \ll k_2$ ならば, (13・25)式で $k_{-1}=0$ を代入して,

$$\mathrm{d}[\mathrm{P}]/\mathrm{d}t = k_1[\mathrm{A}] \qquad (13 \cdot 28)$$

となる. これは最終生成物 P の反応速度が, 反応物 A の濃度に関して 1 次であることを表す. 反応速度定数に k_2 を含まないから, 可逆反応の正反応 ($\mathrm{A} \rightarrow \mathrm{B}$) が律速段階である. 逆に, $k_{-1} \gg k_2$ ならば, (13・25)式は,

$$\mathrm{d}[\mathrm{P}]/\mathrm{d}t = \frac{k_2 k_1}{k_{-1}}[\mathrm{A}] \qquad (13 \cdot 29)$$

となる. 反応速度定数 $k_2 k_1/k_{-1}$ は小さな値なので, 不可逆反応 ($\mathrm{B} \rightarrow \mathrm{P}$) が律速段階である. ただし, 時間はかかるが, 反応の終了時には, すべての反応物 A が最終生成物 P になる.

13・4 リンデマン機構

§9・4 では, CH_3NC が CH_3CN に異性化する反応は, 1 次の単分子反応であるとして説明した. 実をいうと, 反応物 CH_3NC の濃度*が高い場合には 1 次反応であるが, 濃度が低くなると 2 次反応になる. つまり, 反応物の CH_3NC を A, 生成物の CH_3CN を P, 反応速度定数を k とすると, 反応速度式は,

$$-\mathrm{d}[\mathrm{A}]/\mathrm{d}t = \mathrm{d}[\mathrm{P}]/\mathrm{d}t = k[\mathrm{A}] \qquad \text{(濃度が高い)} \qquad (13 \cdot 30)$$
$$-\mathrm{d}[\mathrm{A}]/\mathrm{d}t = \mathrm{d}[\mathrm{P}]/\mathrm{d}t = k[\mathrm{A}]^2 \qquad \text{(濃度が低い)} \qquad (13 \cdot 31)$$

となる. 反応次数が濃度に依存する原因を説明するために, リンデマン (F. A. Lindemann) は次の反応機構 (リンデマン機構という) を考えた.

---

* 濃度は単位体積あたりの物質量である (§1・4 参照). 濃度が高いということは, 単位体積あたりの分子数が多く, 圧力が高いと考えればよい. 本文の"濃度"は純物質でも混合物質でも全圧のことである.

§12・3でアレニウスの式を使って説明したように，反応が進むためには，分子が活性化エネルギー E_a を越える分子内エネルギー（振動エネルギーや回転エネルギーなど）をもつ必要がある（図12・3参照）．CH_3NC が CH_3CN に異性化する反応そのものは単分子反応であるが，反応するために必要な分子内エネルギーは，分子間の衝突によって得られると考えられる[1]．つまり，分子間の衝突によって，並進エネルギーが分子内エネルギーに変換される．しかし，分子内エネルギーが増えた分子は，必ず反応するわけではない．分子間の衝突などによって分子内エネルギーを放出して，もとのエネルギーの状態に戻ることもある．そこで，衝突によるエネルギーの変換を可逆反応と考えることにする．衝突によって分子内エネルギーの増えた CH_3NC を A^*，衝突する分子を M とすると，化学反応式は，

$$A + M \underset{k_{-1}}{\overset{k_1}{\rightleftarrows}} A^* + M \tag{13・32}$$

と書ける．ここで，A の分子内エネルギーは M との衝突によって増えるが，M の分子内エネルギーは変わらないと仮定した（M に * をつけない）．

分子内エネルギーの増えた A^* の一部は，反応して最終生成物の CH_3CN になる．したがって，反応速度定数を k_2 とすれば，化学反応式は，

$$A^* \xrightarrow{k_2} P \tag{13・33}$$

となる．最終生成物の CH_3CN は，反応物の CH_3NC に比べてかなり安定なので，ここでは不可逆反応と考えた．

(13・32)式および(13・33)式は，可逆反応を含む逐次反応になる〔(13・14)式参照〕．そうすると，A，A^*，P の反応速度式は，(13・15)式～(13・17)式を参考にして，

$$d[A]/dt = -k_1[A][M] + k_{-1}[A^*][M] \tag{13・34}$$

$$d[A^*]/dt = k_1[A][M] - k_{-1}[A^*][M] - k_2[A^*] \tag{13・35}$$

$$d[P]/dt = k_2[A^*] \tag{13・36}$$

となる．ただし，B を A^* に置き換え，また，衝突する分子の濃度 [M] を考慮した．純物質の気体を考える場合には [M]＝[A] であるが，しばらくは，衝突

---

[1] CH_3NC がアルゴンガスなどで希釈されている場合には，アルゴン原子が衝突するおもな分子 M である．生成物である CH_3CN も衝突する分子 M になる．いずれにしても，2個の分子が衝突する必要があるので，2分子反応である．

によって分子内エネルギーが増える A と，衝突する M を区別して説明する．

　A* は分子内エネルギーが高く，寿命が短く，生成しても直ちにもとの A に戻るか，反応して最終生成物 P になる（$k_1 \ll k_2$ あるいは $k_1 \ll k_{-1}$）．このような場合には，A* の濃度が定常状態であると近似できる．そうすると，$d[A^*]/dt = 0$ とおくことができるので，(13・35)式から次の関係式が得られる．

$$k_1[A][M] = k_{-1}[A^*][M] + k_2[A^*] \qquad (13\cdot37)$$

したがって，

$$[A^*] = \frac{k_1[A][M]}{k_{-1}[M]+k_2} \qquad (13\cdot38)$$

となる．これを(13・36)式に代入すると，

$$d[P]/dt = \frac{k_2 k_1[A][M]}{k_{-1}[M]+k_2} = k[A] \qquad (13\cdot39)$$

が得られる．ここで，

$$k = \frac{k_2 k_1[M]}{k_{-1}[M]+k_2} \qquad (13\cdot40)$$

と定義した．(13・39)式を(9・18)式と比べてみるとわかるが，反応速度定数 k は，1 次の単分子反応（A → P）を仮定した場合の反応速度定数に等しい．ただし，(13・40)式からわかるように，k は [M] の関数である．

　もしも，濃度が高い（単位体積あたりの分子数が多い）ならば，分子間の衝突は頻繁に起こる．そうすると，$k_{-1}[M] \gg k_2$ と考えられるから*1，(13・40)式は，

$$k = \frac{k_2 k_1}{k_{-1}} \qquad (13\cdot41)$$

となる．濃度が高い場合には，反応速度定数 k は k_2，k_1，k_{-1} で表される定数であり，濃度 [M] に依存しない．つまり，(13・39)式は(13・30)式を表す．一方，濃度が低い場合には，分子間の衝突はあまり起こらない．M の濃度が低くて，$k_{-1}[M] \ll k_2$ と考えられるから，(13・40)式は，

$$k = k_1[M] \qquad (13\cdot42)$$

となる．これを(13・39)式に代入すると，次のようになる．

---

*1　k_1 と k_{-1} は 2 次反応の反応速度定数だから，単位は $mol^{-1}\,dm^3\,s^{-1}$ である．一方，k_2 は 1 次反応の反応速度定数だから，単位は s^{-1} である．したがって，$k_1[M]$ と k_2 は同じ単位になり，大きさを比較できる．

$$\mathrm{d}[P]/\mathrm{d}t = k_1[M][A] \tag{13・43}$$

つまり，反応次数は [M] について 1 次，[A] について 1 次であり，反応全体は 2 次となる．純物質の CH_3NC の異性化反応では [M] ＝ [A] だから，(13・43) 式は(13・31)式を表す．結局，濃度が低い場合には 2 次反応であり，濃度が高い場合には衝突する分子がたくさんあるから，少しぐらい濃度が変わっても衝突が頻繁に起こり，衝突する分子の濃度に依存しない 1 次反応になる．

13・5 複合反応の反応次数

　総括反応で考えたときの反応次数が，素反応で考えたときの反応次数と一致する例を以下に示す．O_2（酸素）によって，NO（一酸化窒素）が NO_2（二酸化窒素）に酸化される総括反応式は，

$$2NO + O_2 \xrightarrow{k} 2NO_2 \tag{13・44}$$

となる．一見すると，この反応は 3 次の 3 分子反応であり，反応速度式は次のようになると考えられる．

$$-(1/2)\mathrm{d}[NO]/\mathrm{d}t = -\mathrm{d}[O_2]/\mathrm{d}t = (1/2)\mathrm{d}[NO_2]/\mathrm{d}t = k[NO]^2[O_2] \tag{13・45}$$

つまり，[NO] は 2 次，$[O_2]$ は 1 次であり，反応全体では 3 次となる．しかし，気体の反応だから，3 分子が同時に衝突して，反応が進む可能性は少ない．そこで，次のような 2 次の 2 分子反応（可逆反応を含む逐次反応）を考える．

　まずは，2 分子の NO が衝突して N_2O_2 ができる．N_2O_2 はエネルギーが高く，分解してもとの NO になることもあるので可逆反応とする．もしも，N_2O_2 が分解する前に O_2 と衝突すれば反応が進み，最終生成物として NO_2 ができる．この反応は不可逆反応である．化学反応式は，

$$NO + NO \underset{k_{-1}}{\overset{k_1}{\rightleftharpoons}} N_2O_2 \tag{13・46}$$

$$N_2O_2 + O_2 \xrightarrow{k_2} 2NO_2 \tag{13・47}$$

となる．また，化学量論係数を考慮して，反応速度式は次のようになる．

$$(1/2)\mathrm{d}[NO]/\mathrm{d}t = -k_1[NO]^2 + k_{-1}[N_2O_2] \tag{13・48}$$

$$\mathrm{d}[N_2O_2]/\mathrm{d}t = k_1[NO]^2 - k_{-1}[N_2O_2] - k_2[N_2O_2][O_2] \tag{13・49}$$

$$(1/2)\mathrm{d}[NO_2]/\mathrm{d}t = k_2[N_2O_2][O_2] \tag{13・50}$$

N_2O_2 はエネルギーが高く，直ちに分解してもとの NO に戻るか，あるいは O_2 と反応して NO_2 になるので，濃度は低く，濃度変化はほとんどない．つまり，N_2O_2 の濃度に関しては定常状態の近似が成り立つので，$d[N_2O_2]/dt = 0$ とおく．そうすると，(13・49)式から，

$$k_1[NO]^2 = k_{-1}[N_2O_2] + k_2[N_2O_2][O_2] \tag{13・51}$$

が得られる．つまり，

$$[N_2O_2] = \frac{k_1[NO]^2}{k_{-1}+k_2[O_2]} \tag{13・52}$$

となる．これを(13・50)式の $[N_2O_2]$ に代入すると，

$$(1/2)d[NO_2]/dt = \frac{k_2k_1[NO]^2[O_2]}{k_{-1}+k_2[O_2]} \tag{13・53}$$

が得られる．もしも，N_2O_2 の分解反応 $(NO + NO \leftarrow N_2O_2)$ が速ければ，あるいは O_2 分子の濃度が低ければ，$k_{-1} \gg k_2[O_2]$ と考えることができる．そうすると，(13・53)式は，

$$(1/2)d[NO_2]/dt = k[NO]^2[O_2] \tag{13・54}$$

となる．ここで，$k = k_2k_1/k_{-1}$ とおいた．結局，NO と O_2 の反応が 2 次の 2 分子反応の複合反応（可逆反応を含む逐次反応）と考えても，(13・45)式と同じように，$[NO]$ に関しては 2 次，$[O_2]$ に関しては 1 次，反応全体では 3 次となる．

章 末 問 題

13・1 化学反応 $(B \rightleftarrows A \rightarrow P)$ の(13・6)式〜(13・8)式で，$k_{-1} = 0$ と近似すると，1 次の並発反応になることを式で確認せよ．

13・2 化学反応 $(B \rightleftarrows A \rightarrow P)$ の(13・6)式〜(13・8)式で，$k_2 = 0$ と近似すると，1 次の可逆反応になることを式で確認せよ．

13・3 化学反応 $(A \rightleftarrows B \rightarrow P)$ の(13・18)式〜(13・20)式で，$k_{-1} = 0$ と近似すると，1 次の逐次反応になることを式で確認せよ．

13・4 化学反応 $(A \rightleftarrows B \rightarrow P)$ の(13・18)式〜(13・20)式で，$k_2 = 0$ と近似すると，1 次の可逆反応になることを式で確認せよ．

13・5 反応速度定数 $0.06 \, min^{-1}$ を s^{-1} および h^{-1} の単位に変換せよ．

13・6 リンデマン機構で，純物質の CH_3NC の異性化反応の化学反応式を答えよ．

13・7　1 atm の純物質の CH_3NC と, 0.5 atm の CH_3NC と 0.5 atm の Ar の混合気体を考える. リンデマン機構で, 異性化反応の反応次数は変わるか, 変わらないか.

13・8　NO が O_2 によって NO_2 に酸化される反応で, 最初に NO が酸化されて NO_3 になり, NO_3 が NO と反応して NO_2 になると考えることもできる. また, NO_3 は NO と O_2 に戻る反応も起こると考えられる. この 2 段階の素反応について, 次の問いに答えよ.

(1) 可逆反応の反応速度定数を k_1, k_{-1}, 不可逆反応の反応速度定数を k_2 として, それぞれの反応速度式を求めよ.

(2) 可逆反応が速く, 不可逆反応が律速段階とする. 可逆反応の平衡状態が常に成り立っていると仮定して, 平衡定数をそれぞれの濃度で表せ.

(3) (2) の問題の解答から $[NO_3]$ を求めて (1) の解答に代入し, NO_2 の反応速度式を $[NO]$ と $[O_2]$ で表せ. 本文と同様に, $[NO]$ に関しては 2 次, $[O_2]$ に関しては 1 次, 反応全体では 3 次になることを確認せよ.

14

触媒反応と酵素反応

化学反応が起こるためには，反応物が活性化エネルギーよりも高い
エネルギーの状態になる必要がある．触媒を用いると，反応物が触媒
と相互作用して，活性化エネルギーの低い反応経路ができる．その結
果，化学反応は速くなり，通常では起こりにくい化学反応でも容易に
起こるようになる．生体内の酵素反応も触媒反応の一つである．

14・1　触媒による活性化エネルギーの変化

12 章では，反応座標とエネルギーを使って，可逆反応の説明をした．正反応
$(A \rightarrow B)$ の反応速度定数 k_1 と逆反応 $(A \leftarrow B)$ の反応速度定数 k_{-1} は，アレニ
ウスの式に従って，それぞれの活性化エネルギー $E_{a(A)}$ と $E_{a(B)}$ に依存した．こ
こでは触媒を含む可逆反応を考える．触媒というのは，反応物と相互作用して，
自分自身は消費されずに，反応速度を変化させる物質のことである．触媒が反
応物と同じ相の場合（気体と気体など）を均一系触媒という．一方，相が異な
る場合（気体と固体など）を不均一系触媒という．

反応物を A，生成物を B，触媒 (catalyst) を C とすると，化学反応式は，

$$A + C \underset{k'_{-1}}{\overset{k'_1}{\rightleftharpoons}} B + C \tag{14・1}$$

となる．ここで，触媒を含む正反応の反応速度定数を k'_1，逆反応の反応速度定
数を k'_{-1} とした．両辺に触媒 C が書かれているので，化学反応式から除いても
よさそうだが，そうでもない．図 14・1 に示したように，反応物 A が触媒 C と
相互作用した遷移状態 $(A \cdots C)^{\ddagger}$ のエネルギーが，単独の遷移状態 $A^{\ddagger}$ よりも
下がる．$(A \cdots C)^{\ddagger}$ のなかの反応物 A の形が生成物 B の形に近くなるので，障壁
の山が低くなる．そうすると，反応物 A からみた活性化エネルギー $E'_{a(A)}$ も，
生成物 B からみた活性化エネルギー $E'_{a(B)}$ も，触媒を含まないときの $E_{a(A)}$ と
$E_{a(B)}$ よりも低くなる．したがって，触媒を含まない反応の反応速度定数を k_1，
k_{-1} とすれば，$k'_1 > k_1$ および $k'_{-1} > k_{-1}$ となる．

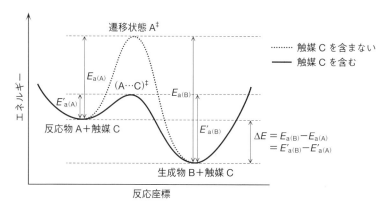

図 14・1 触媒を含む可逆反応と活性化エネルギーの変化

しかし，反応速度定数が大きくなるだけであって，反応物 A と生成物 B のエネルギーの差 ΔE （$= E_{a(B)} - E_{a(A)} = E'_{a(B)} - E'_{a(A)}$）は変わらない．そうすると，平衡状態での平衡定数は触媒の有無によって変わらないことになる．どういうことかというと，触媒を含まない場合の平衡定数 K_{eq} は，

$$K_{eq} = \frac{k_1}{k_{-1}} = \frac{[B]_\infty}{[A]_\infty} \qquad (14 \cdot 2)$$

であり〔(12・15)式参照〕，一方，触媒を含む場合の平衡定数 K'_{eq} は，

$$K'_{eq} = \frac{k'_1}{k'_{-1}} = \frac{[B]_\infty [C]_\infty}{[A]_\infty [C]_\infty} = \frac{[B]_\infty}{[A]_\infty} \qquad (14 \cdot 3)$$

となって，K'_{eq} が K_{eq} と変わらないことがわかる．触媒を含む反応では，正反応と逆反応の反応速度定数が大きくなるが，平衡状態になるための時間が短くなるだけであって，平衡状態での濃度の比は変わらない．

14・2 均一系触媒を用いた触媒反応

均一系触媒を用いた触媒反応の具体的な例として，SO_2（二酸化硫黄）と O_2（酸素）から SO_3（三酸化硫黄）が生成する反応を考える．総括反応式は，

$$2SO_2 + O_2 \longrightarrow 2SO_3 \qquad (14 \cdot 4)$$

である．生成物のエネルギーは，反応物のエネルギーの和に比べてかなり低いので，反応はすぐに進みそうであるが，活性化エネルギーがかなり高いので，反応はなかなか進まない．しかし，NO（一酸化窒素）を触媒として加えると，

反応はすぐに進むようになる.

　まずは，触媒の NO が O_2 と反応して NO_2 になる．速度定数を k_1 とすれば，化学反応式は，

$$2NO + O_2 \xrightarrow{k_1} 2NO_2 \tag{14・5}$$

となる．§13・5 で説明したように，この反応の素反応は複雑であるが，反応次数は [NO] に関しては 2 次，$[O_2]$ に関しては 1 次であり，反応全体では 3 次の 3 分子反応である．(14・5)式の反応速度式は(13・45)式で表される．

$$-(1/2)d[NO]/dt = -d[O_2]/dt = (1/2)d[NO_2]/dt = k_1[NO]^2[O_2] \tag{14・6}$$

(14・5)式で生成した NO_2 は，SO_2 と反応して NO と SO_3 になる．反応速度定数を k_2 とすれば，化学反応式は，

$$NO_2 + SO_2 \xrightarrow{k_2} NO + SO_3 \tag{14・7}$$

となる．この反応は $[NO_2]$ に関しては 1 次，$[SO_2]$ に関して 1 次であり，反応全体では 2 次の 2 分子反応である．反応速度式は次のようになる．

$$-d[NO_2]/dt - -d[SO_2]/dt = d[NO]/dt = d[SO_3]/dt = k_2[NO_2][SO_2] \tag{14・8}$$

(14・5)式および(14・7)式の活性化エネルギーは，(14・4)式の活性化エネルギーよりも低いので，反応が容易に進む．また，NO は(14・5)式の反応で減少するが，(14・7)式の反応で増加して濃度が変わらないので，総括反応(14・4)式には現れない．つまり，NO は触媒の役割を果たす（章末問題 14・1）.

　NO は触媒だから，(14・6)式の減少速度 $-d[NO]/dt$ と(14・8)式の増加速度 $d[NO]/dt$ の大きさは等しい．

$$2k_1[NO]^2[O_2] = k_2[NO_2][SO_2] \tag{14・9}$$

これを(14・8)式の右辺に代入すると，SO_3 の反応速度式は次のようになる．

$$d[SO_3]/dt = 2k_1[NO]^2[O_2] \tag{14・10}$$

ふつうの化学反応では，生成物の増加速度は反応物の濃度が減少するにつれて減少する（§9・4 参照）．しかし，(14・10)式からわかるように，生成物の SO_3 の増加速度は反応物の SO_2 の濃度に依存しない．(14・5)式が律速段階となり，その化学反応式のなかに SO_2 の濃度が含まれていないからである．触媒の役割を果たす NO は化学反応で変化しないが，その濃度は反応速度に影響する．

14・3　生体内の酵素反応

　生物は莫大な種類の化学反応によって生命を維持している．そのなかでも，酵素反応は最も重要な生化学反応の一つである．生体内の酵素反応は気体反応ではないが，均一系触媒の反応として重要なので，以下に説明する．

　基質（substrate）を S，酵素（enzyme）を E，生成物（product）を P とすると，酵素反応の化学反応式は一般に，

$$S + E \underset{k_{-1}}{\overset{k_1}{\rightleftharpoons}} S{\cdots}E \xrightarrow{k_2} P + E \qquad (14 \cdot 11)$$

と書ける（§13・3 の可逆反応を含む逐次反応を参照）．ここで，S⋯E は基質と酵素が相互作用した複合体を表す．基質と酵素は相互作用したり離れたりするので，前半の素反応は可逆反応（S＋E⇄S⋯E）とした．一方，後半の素反応では，基質の化学結合が切れたり酸化されたりして，もとに戻らないので，不可逆反応（S⋯E→P＋E）とした．酵素を含まない場合と含む場合のエネルギー変化を図 14・2 で模式的に比較した*．

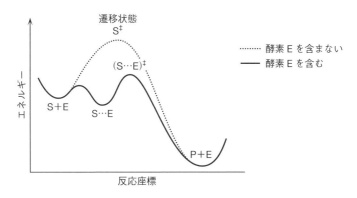

図 14・2　酵素反応のエネルギー変化の模式図

　(14・11)式の化学反応式から，酵素 E の減少速度と増加速度は，

$$\text{減少速度} = k_1[S][E] \quad \text{および} \quad \text{増加速度} = k_{-1}[S{\cdots}E] + k_2[S{\cdots}E]$$

$$(14 \cdot 12)$$

となる．酵素 E は触媒であり，減少速度と増加速度の大きさは等しいので，

---

　*　レナード・ジョーンズポテンシャル（図 8・1 参照）では，遷移状態を考えなかったが，酵素の構造は複雑で，基質が近づくと遷移状態（S＋E と S⋯E の間の山）を経て，安定な複合体になる．

$$k_1[S][E] = (k_{-1}+k_2)[S\cdots E] \qquad (14\cdot13)$$

となる．また，触媒のはたらきをする酵素は反応によって消費されないから，初濃度 $[E]_0$ は，複合体をつくらない酵素の濃度 $[E]$ と，複合体をつくる酵素の濃度 $[S\cdots E]$ の和になるはずである．

$$[E]_0 = [E]+[S\cdots E] \qquad (14\cdot14)$$

$(14\cdot14)$式から $[E]$ を求めて$(14\cdot13)$式に代入すると，

$$k_1[S]([E]_0-[S\cdots E]) = (k_{-1}+k_2)[S\cdots E] \qquad (14\cdot15)$$

となる．したがって，

$$[S\cdots E] = \frac{[E]_0 k_1[S]}{k_{-1}+k_2+k_1[S]} \qquad (14\cdot16)$$

が得られる．また，$(14\cdot16)$式を$(14\cdot14)$式に代入すると，次のようになる．

$$[E] = [E]_0-[S\cdots E] = [E]_0\left(1-\frac{k_1[S]}{k_{-1}+k_2+k_1[S]}\right)$$
$$= \frac{[E]_0(k_{-1}+k_2)}{k_{-1}+k_2+k_1[S]} \qquad (14\cdot17)$$

一方，基質 S に関する反応速度式は，$(14\cdot11)$式より，

$$-d[S]/dt = k_1[S][E]-k_{-1}[S\cdots E] \qquad (14\cdot18)$$

となる．$(14\cdot18)$式に$(14\cdot16)$式および$(14\cdot17)$式を代入すると，

$$-d[S]/dt = \frac{[E]_0 k_1(k_{-1}+k_2)[S]}{k_{-1}+k_2+k_1[S]} - \frac{[E]_0 k_{-1}k_1[S]}{k_{-1}+k_2+k_1[S]}$$
$$= \frac{[E]_0 k_1 k_2[S]}{k_{-1}+k_2+k_1[S]} \qquad (14\cdot19)$$

が得られる．

14・4　ミカエリス・メンテンの式

$(14\cdot19)$式の右辺の分母と分子を k_1 で割り算すると，

$$-d[S]/dt = \frac{[E]_0 k_2[S]}{(k_{-1}+k_2)/k_1+[S]} \qquad (14\cdot20)$$

となる．ここで，ミカエリス定数 K_M を次のように定義する．

$$K_M = \frac{k_{-1}+k_2}{k_1} \qquad (14\cdot21)$$

ミカエリス定数 K_M は複合体 S$\cdots$E の減少の反応速度定数と，増加の反応速度

定数の比を表すと考えればよい．(14・21)式を(14・20)式に代入すれば，

$$-\mathrm{d[S]}/\mathrm{d}t = \frac{\mathrm{[E]_0}k_2\mathrm{[S]}}{K_M+\mathrm{[S]}} \qquad (14・22)$$

となる．これをミカエリス・メンテンの式という．

　縦軸に基質の濃度の減少速度 $-\mathrm{d[S]}/\mathrm{d}t$ をとり，横軸に基質の濃度 [S] をとると図14・3のようになる．反応が進むにつれて基質の濃度は低くなるから，横軸の右方向が反応時間の短い状態，左方向が反応時間の長い状態を表す．反応開始時の近く（図14・3の右端）では基質Sが大量にあり，$K_M \ll \mathrm{[S]}$ が成り立つと考えられる*．そうすると，(14・22)式は次のように近似できる．

$$-\mathrm{d[S]}/\mathrm{d}t = \frac{\mathrm{[E]_0}k_2\mathrm{[S]}}{\mathrm{[S]}} = \mathrm{[E]_0}k_2 \qquad (14・23)$$

基質の減少速度 $-\mathrm{d[S]}/\mathrm{d}t$ は基質の濃度 [S] に依存しないから，0次反応である．つまり，$-\mathrm{d[S]}/\mathrm{d}t$ は一定の値となる（図の破線で描いた水平線）．$\mathrm{[E]_0}k_2$ は反応開始時の減少速度の大きさであり，減少速度の最大値を表す．

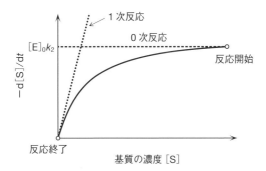

図 14・3　ミカエリス・メンテンプロット

　また，反応が進んで基質Sが少なくなると，$\mathrm{[S]} \ll K_M$ となって，(14・22)式の分母の [S] は無視できるから，次のように近似できる．

$$-\mathrm{d[S]}/\mathrm{d}t = \frac{\mathrm{[E]_0}k_2}{K_M}\mathrm{[S]} \qquad (14・24)$$

---

* k_{-1} と k_2 は1次反応の反応速度定数だから，単位は $\mathrm{s^{-1}}$ である．一方，k_1 は2次反応の反応速度定数だから，単位は $\mathrm{mol^{-1}\,dm^3\,s^{-1}}$ である．したがって，K_M の単位は [S] と同じ $\mathrm{mol\,dm^{-3}}$ となり，大きさを比較できる（§13・4脚注参照）．

これは1次反応である（図14・3の点線）．酵素反応は反応が進むにつれて（基質の濃度が減少するにつれて），0次反応から1次反応に変化する．反応終了時に，減少速度を直線で近似したときの傾きの大きさが $[E]_0 k_2/K_M$ になる．ただし，描いたグラフは曲線なので，実験で直線の傾きの大きさを正確に求めることはむずかしい．

(14・22)式の両辺の逆数をとると，次のようになる．

$$-\frac{1}{d[S]/dt} = \frac{K_M}{[E]_0 k_2}\frac{1}{[S]} + \frac{1}{[E]_0 k_2} \qquad (14\cdot25)$$

縦軸に基質の減少速度の逆数 $-1/(d[S]/dt)$ をとり，横軸に基質の濃度の逆数 $1/[S]$ をとると，図14・4のように直線で表される．直線の傾きの大きさが $K_M/[E]_0 k_2$ であり，y 切片が最大速度の逆数 $1/[E]_0 k_2$ となる．このようなグラフをラインウィーバー・バークプロットという．直線の傾きの大きさを y 切片で割り算すれば，ミカエリス定数 K_M を求めることができる．

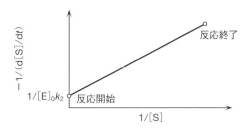

図 14・4　ラインウィーバー・バークプロット

14・5　不均一系触媒を用いた触媒反応

固体の触媒を使うと，通常はほとんど進まない気体反応でも，容易に進むことがある．たとえば，H_2 と CO から CH_4 と H_2O を生成する反応である．

$$3H_2 + CO \longrightarrow CH_4 + H_2O \qquad (14\cdot26)$$

反応の原系の $3H_2$ と CO のエネルギーの総和に比べて，反応の生成系の CH_4 と H_2O のエネルギーの総和は約 $100\,kJ\,mol^{-1}$ も安定である．もしも，活性化エネルギーが低ければ，反応は直ちに進み，ほとんどすべての H_2 と CO が CH_4 と H_2O になるはずである．しかし，活性化エネルギーが高いので，実際には，反応はほとんど進まない．そこで，酸化アルミニウム（Al_2O_3，アルミナともいう）に Ni 原子を結合させた不均一系触媒を用いて，活性化エネルギーを低くす

る．そうすると，反応が速やかに起こるようになる．

　説明を簡単にするために，1種類の反応物 A が触媒 C に吸着して複合体
A…C ができ，複合体 A…C から1種類の生成物 P ができるとする（図14・5）．
ただし，触媒に吸着した一部の反応物 A は，触媒から離れて，もとの反応物 A
になる．反応物や生成物が触媒から離れることを脱着という．したがって，化
学反応式は，

$$A + C \underset{k_{-1}}{\overset{k_1}{\rightleftharpoons}} A{\cdots}C \xrightarrow{k_2} P + C \tag{14・27}$$

となり，(14・11)式の酵素反応と同様に，可逆反応を含む逐次反応となる．

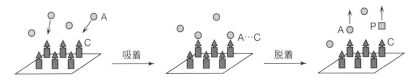

図 14・5　不均一系触媒を用いた触媒反応のモデル

　反応物 A が触媒に吸着してできる複合体 A…C から，生成物 P のできる不可
逆反応を律速段階として（$k_2 \ll k_1$ および k_{-1}），まずは，反応物 A と触媒 C と
の吸着と脱着の可逆反応のみを考えることにする．反応物 A の吸着（A + C →
A…C）に関する反応速度式は，2次の2分子反応を仮定すれば，

$$d[A]/dt = d[C]/dt = -k_1[A][C] \tag{14・28}$$

となる．また，複合体 A…C の脱着（A…C → A + C）に関する反応速度式は，

$$d[A{\cdots}C]/dt = -k_{-1}[A{\cdots}C] \tag{14・29}$$

となる．ここで，単位について注意が必要である．不均一系触媒（固体）の反
応では吸着部位の数が関係するので，濃度よりも数密度で考えたほうがわかり
やすい．そこで，以下では [A] の単位も [C] の単位も数密度の単位 dm^{-3} で説
明する．そうすると，反応速度定数 k_1 の単位は $dm^3\,s^{-1}$，反応速度定数 k_{-1} の
単位は s^{-1} となる．

　反応物 A が吸着していない部位，つまり，これから反応物 A が吸着できる部
位の数密度が [C] である．また，反応物 A が吸着した部位，つまり，複合体
A…C の数密度が [A…C] である．すべての吸着部位の数密度を $[C]_0$ とすると，

$$[C]_0 = [C] + [A{\cdots}C] \tag{14・30}$$

が成り立つ．ここで，吸着部位に対する複合体の割合を被覆率 θ と定義する．

$$\theta = \frac{[\text{A}\cdots\text{C}]}{[\text{C}]_0} \tag{14・31}$$

たとえば，図 14・6 には，すべての吸着部位の数を 10 として，$[\text{C}]_0$，$[\text{C}]$，$[\text{A}\cdots\text{C}]$，θ の関係を示した．

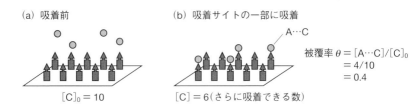

(a) 吸着前

(b) 吸着サイトの一部に吸着

A⋯C

被覆率 $\theta = [\text{A}\cdots\text{C}]/[\text{C}]_0$
　　　　$= 4/10$
　　　　$= 0.4$

$[\text{C}]_0 = 10$

$[\text{C}] = 6$(さらに吸着できる数)

図 14・6　被覆率の計算（すべての吸着部位が 10 の場合）

　数密度 $[\text{C}]$ は(14・30)式と(14・31)式から，

$$[\text{C}] = [\text{C}]_0 - [\text{A}\cdots\text{C}] = (1-\theta)[\text{C}]_0 \tag{14・32}$$

と表される．したがって，反応物 A が触媒 C に吸着する速度（反応物 A の数密度の時間変化）は，(14・32)式を(14・28)式に代入して，次のようになる*.

$$d[\text{A}]/dt = -k_1(1-\theta)[\text{C}]_0[\text{A}] \tag{14・33}$$

一方，反応物 A が触媒から脱着する速度は(14・31)式を(14・29)式に代入して，

$$d[\text{A}\cdots\text{C}]/dt = -k_{-1}\theta[\text{C}]_0 \tag{14・34}$$

となる．平衡状態（これを吸着平衡という）では，吸着速度と脱着速度の大きさが同じだから，(14・33)式と(14・34)式は等しい．

$$-k_1(1-\theta)[\text{C}]_0[\text{A}] = -k_{-1}\theta[\text{C}]_0 \tag{14・35}$$

ここで，平衡定数 $K_{\text{eq}} = k_1/k_{-1}$ を使うと，被覆率 θ は，

$$\theta = \frac{K_{\text{eq}}[\text{A}]}{1+K_{\text{eq}}[\text{A}]} \tag{14・36}$$

となる（章末問題 14・7 参照）．もしも，反応物 A が理想気体であると仮定するならば，ある温度 T で，圧力 P は状態方程式(1・15)より，

$$P = \frac{n}{V}RT = \frac{nN_{\text{A}}}{V}\frac{RT}{N_{\text{A}}} = [\text{A}]k_{\text{B}}T \tag{14・37}$$

＊　厳密にいえば，吸着した反応物の被覆率が大きくなれば，吸着した反応物どうしの相互作用も考える必要がある．そうすると，反応速度定数は被覆率にも依存するが，ここでは反応速度定数は被覆率に関係しないと近似して説明する．

が成り立つ. N_A はアボガドロ定数, k_B はボルツマン定数である. また, ここでは [A] は濃度ではなく, 数密度を表す[*1]. そうすると, (14・36)式は,

$$\theta = \frac{K_{eq}P/k_BT}{1+K_{eq}P/k_BT} = \frac{bP}{1+bP} \tag{14・38}$$

となる, ただし, b を次のように定義した.

$$b = \frac{K_{eq}}{k_BT} \tag{14・39}$$

実際には, 触媒のすべての吸着部位 $[C]_0$ に反応物 A が吸着できるわけではない. 反応物 A がもはや吸着できない最大の量を飽和吸着量という. 飽和吸着量を $[C]'_0$ とすると, 実際の被覆率 θ は $[A\cdots C]/[C]'_0$ である. そうすると,

$$[A\cdots C] = [C]'_0\theta = \frac{[C]'_0 bP}{1+bP} \tag{14・40}$$

となる. これをラングミュアの等温吸着式という. (14・39)式からわかるように, 温度 T が一定ならば b は定数なので, (14・40)式は温度 T での吸着量と反応物である気体の圧力との関係を表す. (14・40)式の両辺の逆数をとると,

$$\frac{1}{[A\cdots C]} = \frac{1}{[C]'_0 b}\frac{1}{P} + \frac{1}{[C]'_0} \tag{14・41}$$

となる. ある温度で反応物の圧力 P を少しずつ変えながら, 吸着量 $[A\cdots C]$ を測定する[*2]. 縦軸に $1/[A\cdots C]$ をとり, 横軸に $1/P$ をとってグラフにすると, y 切片が $1/[C]'_0$ となるので, 飽和吸着量 $[C]'_0$ を実験で求めることができる.

次に, 複合体 $A\cdots C$ から生成物 P ができる不可逆反応 $(A\cdots C \rightarrow P + C)$ を考える. 1次の素反応を仮定すると, 反応速度式は,

$$d[P]/dt = k_2[A\cdots C] \tag{14・42}$$

となる (数密度 [P] と圧力 P の違いに注意). (14・42)式に(14・31)式を代入すると, 次のようになる (以下は飽和吸着量 $[C]'_0$ を使って議論しても同じ).

$$d[P]/dt = k_2[C]_0\theta \tag{14・43}$$

(14・43)式に(14・38)式を代入すると, 生成物の増加速度は,

$$d[P]/dt = \frac{[C]_0 k_2 bP}{1+bP} \tag{14・44}$$

---

*1 数密度でなく, 濃度で表す場合には, 以降の式の k_B を R に置き換えればよい. エネルギーの単位に J mol^{-1} を用いるか, J を用いるかの違いである (§1・5 参照).

*2 触媒に吸着した量 $[A\cdots C]$ は, 反応物 A を触媒 C から脱着させて気体にして, 体積を測定すれば求められる.

となる．もしも，反応物 A の圧力 P が高ければ，$1+bP = bP$ と近似でき，

$$\mathrm{d[P]}/\mathrm{d}t = [\mathrm{C}]_0 k_2 \qquad (14\cdot45)$$

となる．したがって，生成物の増加速度 $\mathrm{d[P]}/\mathrm{d}t$ が圧力 P に依存しないことがわかる．逆に，もしも，反応物 A の圧力 P が低ければ，$1+bP = 1$ と近似でき，

$$\mathrm{d[P]}/\mathrm{d}t = [\mathrm{C}]_0 k_2 bP \qquad (14\cdot46)$$

となる．結局，圧力が低いと生成物の増加速度は圧力に比例し，圧力が高いと，反応物 A がたくさんあるから，少しぐらい圧力が変わっても吸着が頻繁に起こり，圧力には依存しない（§13・4 のリンデマン機構参照）．

章 末 問 題

14・1　SO_2 が O_2 によって SO_3 に酸化されるとする．NO が触媒のはたらきをするとして，化学反応式を答えよ．

14・2　酵素反応で，基質の減少速度の大きさが最大値の半分になるとき，$[\mathrm{S}]$ がミカエリス定数に等しいことを式で示せ．

14・3　基質の濃度がミカエリス定数になる点を図 14・3 に書け．

14・4　酵素反応の可逆反応（$\mathrm{S+E} \rightleftarrows \mathrm{S\cdots E}$）の平衡定数を K_{eq} とする．ミカエリス定数を K_{eq}, k_1, k_2 で表せ．反応速度定数の比 k_2/k_1 が大きくなると，ミカエリス定数はどうなるか．ただし，K_{eq} は変わらないとする．

14・5　ミカエリス・メンテンの式で，縦軸に $-(\mathrm{d[S]}/\mathrm{d}t)/[\mathrm{S}]$ をとり，横軸に $\mathrm{d[S]}/\mathrm{d}t$ をとるとき，直線の傾きの大きさと y 切片を式で示せ．

14・6　触媒の吸着部位を 100 とする．そのうち，30 に反応物 A が吸着したとする．$[\mathrm{C}]_0$, $[\mathrm{C}]$, $[\mathrm{A\cdots C}]$, 被覆率 θ を求めよ．

14・7　(14・36)式の被覆率 θ の単位が無次元になることを確認せよ．

14・8　ラングミュアの等温吸着式で，定数 b の単位を(14・36)式と(14・39)式から考え，圧力の逆数になることを確認せよ．数密度の単位を $\mathrm{m^{-3}}$ とする．

14・9　ラングミュアの等温吸着式で圧力を無限大にすると，吸着量はどうなるか．

14・10　触媒 C の二つの部位に吸着した二つの反応物 A が反応して，一つの生成物 P ができる場合の化学反応式を答えよ．

15
活性複合体と遷移状態理論

> 反応速度定数は，反応物と活性複合体の分子分配関数で表すことができる．活性複合体では，反応座標に沿った運動を振動運動ではなく，分子内の並進運動と考える．さらに，衝突する反応物を剛体球として近似し，活性複合体を二原子分子として近似すると，2分子反応の反応速度定数は，分子の衝突断面積で表した全衝突頻度の式と一致する．

15・1 平衡定数と分子分配関数

　12章では，可逆反応（$A \rightleftarrows B$）の平衡定数 K_{eq} が逆反応と正反応の反応速度定数の比で表されることを説明した．実は，平衡定数は分子分配関数（4〜6章参照）を使って表すこともできる．分子分配関数を q，分子数を N とすると，分子Aと分子Bの化学ポテンシャル μ_A と μ_B は（IV巻§6・5参照），

$$\mu_A = -RT \ln\left(\frac{q_A}{N_A}\right) \quad \text{および} \quad \mu_B = -RT \ln\left(\frac{q_B}{N_B}\right) \quad (15 \cdot 1)$$

と定義される（N_A はアボガドロ定数ではなく分子Aの分子数）．化学ポテンシャルは1 mol あたりのエネルギーを表し，平衡状態（$A \rightleftarrows B$）では，分子Aと分子Bの化学ポテンシャルが等しいから[*]，

$$-RT \ln\left(\frac{q_A}{N_A}\right) = -RT \ln\left(\frac{q_B}{N_B}\right) \quad (15 \cdot 2)$$

という関係式が得られる．つまり，

$$\frac{q_A}{N_A} = \frac{q_B}{N_B} \quad (15 \cdot 3)$$

が成り立つ．すでに§9・2で説明したように，濃度の比は数密度の比，あるいは分子数の比でもあるから，結局，平衡定数 K_{eq} は，

---

[*] 分子Aと分子Bの化学ポテンシャルが異なると，安定なほうへ変化しようとして化学反応が起こり，濃度が変化してしまうので平衡状態にならないという意味．

$$K_{eq} = \frac{[B]_\infty}{[A]_\infty} = \frac{N_B/V}{N_A/V} = \frac{q_B/V}{q_A/V} \tag{15・4}$$

となって，分子分配関数の比で表されることがわかる[*1]．

分子分配関数 q は並進運動，回転運動，振動運動，電子運動に関する分子分配関数の積 $q_{並進}q_{回転}q_{振動}q_{電子}$ で表される．2種類の二原子分子を考える場合には，(5・39)式で示した電子運動に関する分子分配関数〔$g_{電子}\exp(D_e/k_B T)$〕が異なるので，注意が必要である（k_B はボルツマン定数）．I 巻と II 巻で詳しく説明したように，分子の種類が異なると，解離エネルギー D_e（正の値）が異なるからである．その様子を図 15・1 に示す．ただし，分子 A の解離エネルギー $D_{e(A)}$ が分子 B の解離エネルギー $D_{e(B)}$ よりも小さいと仮定した．

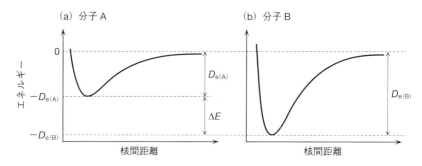

図 15・1　分子 A と分子 B の相対的エネルギーの関係

分子 A と分子 B の電子運動に関する分子分配関数は，電子基底状態が一重項であることを仮定すれば（$g_{電子} = 1$），

$$q_{電子(A)} = \exp\left(\frac{D_{e(A)}}{k_B T}\right) \quad \text{および} \quad q_{電子(B)} = \exp\left(\frac{D_{e(B)}}{k_B T}\right) \tag{15・5}$$

となる〔(5・39)式参照〕．したがって，

$$\frac{q_{電子(B)}}{q_{電子(A)}} = \frac{\exp(D_{e(B)}/k_B T)}{\exp(D_{e(A)}/k_B T)} = \exp\left(\frac{D_{e(B)} - D_{e(A)}}{k_B T}\right) = \exp\left(\frac{\Delta E}{k_B T}\right) \tag{15・6}$$

となる．ここで，$\Delta E = D_{e(B)} - D_{e(A)}$（正の値）と定義した[*2]．そうすると，(15・

---

*1　$N_B/N_A = q_B/q_A$ のように比が等しくても，$N_A = q_A$，$N_B = q_B$ ではないので注意．

*2　教科書によっては，$\Delta E = E_B - E_A = (-D_{e(B)}) - (-D_{e(A)}) = D_{e(A)} - D_{e(B)}$（負の値）と定義して，電子運動の分子分配関数を $\exp(-\Delta E/k_B T)$ と書くこともある．

4)式の平衡定数 K_{eq} は分子分配関数を使って，次のように表される．

$$K_{eq} = \frac{q_{並進(B)}q_{回転(B)}q_{振動(B)}}{q_{並進(A)}q_{回転(A)}q_{振動(A)}} \exp\left(\frac{\Delta E}{k_B T}\right) \qquad (15 \cdot 7)$$

ここで，分母と分子の体積 V は相殺されている．

15・2　遷移状態と反応速度定数

今度は 2 種類の反応物 A と B から，2 種類の生成物 P と Q ができる不可逆反応を考える．化学反応のエネルギー変化は図 15・2 のようになる．遷移状態のことを活性複合体（あるいは活性錯体，活性錯合体）という．活性複合体は反応が進むにつれて少しずつ形が変わり，エネルギーの最も高い山の頂上のすぐ左側（反応物の方向）では $(A{\cdots}B)^{\ddagger}$ であり，すぐ右側（生成物の方向）では $(P{\cdots}Q)^{\ddagger}$ である．活性複合体を $X^{\ddagger}$ で表して化学反応式に含めれば，

$$A + B \underset{k_{-1}}{\overset{k_1}{\rightleftharpoons}} X^{\ddagger} \overset{k_2}{\longrightarrow} P + Q \qquad (15 \cdot 8)$$

となる．一部の活性複合体は解離してもとに戻るので，前半の反応は可逆反応と考えた（§13・3 の可逆反応を含む逐次反応を参照）．

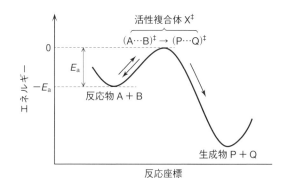

図 15・2　$\mathbf{A + B \rightleftharpoons X^{\ddagger} \to P + Q}$ のエネルギー変化

まずは，反応物 A＋B と活性複合体 $X^{\ddagger}$ との可逆反応を考える．図 15・2 の山の頂点のすぐ左側の活性複合体 $(A{\cdots}B)^{\ddagger}$ のエネルギーが山の頂上よりも低ければ，滑り台を滑るようにして反応物 A＋B に戻る．つまり，反応物と活性複合体は平衡状態になっている（§12・2 参照）．可逆反応の反応速度式は，

$$-d[A]/dt = -d[B]/dt = d[X^{\ddagger}]/dt = k_1[A][B] - k_{-1}[X^{\ddagger}] \qquad (15 \cdot 9)$$

となる. 平衡状態では濃度変化がなくなるから,

$$k_1[\text{A}][\text{B}] = k_{-1}[\text{X}^{\ddagger}] \tag{15 \cdot 10}$$

が成り立つ. 結局, 平衡定数 K_{eq} は次のようになる.

$$K_{\text{eq}} = \frac{k_1}{k_{-1}} = \frac{[\text{X}^{\ddagger}]}{[\text{A}][\text{B}]} \tag{15 \cdot 11}$$

一方, 山の頂上のすぐ左側の活性複合体 $(\text{A}\cdots\text{B})^{\ddagger}$ のエネルギーが山の頂上よりも高ければ, 山のすぐ右側に移動して活性複合体 $(\text{P}\cdots\text{Q})^{\ddagger}$ となり, 滑り台を滑るようにして生成物 P + Q になる. この不可逆反応が 1 次の素反応であると仮定すれば, 反応速度式は,

$$\text{d}[\text{P}]/\text{d}t = \text{d}[\text{Q}]/\text{d}t = k_2[\text{X}^{\ddagger}] \tag{15 \cdot 12}$$

となる (§9・4 参照). (15・11)式から $[\text{X}^{\ddagger}]$ を求めて (15・12)式に代入すると,

$$\text{d}[\text{P}]/\text{d}t = \text{d}[\text{Q}]/\text{d}t = K_{\text{eq}}k_2[\text{A}][\text{B}] \tag{15 \cdot 13}$$

が得られる. 遷移状態を考えないときの不可逆反応 $(\text{A} + \text{B} \rightarrow \text{P} + \text{Q})$ の反応速度式は(10・28)式で与えられていて, 次のように表される (§10・4 参照).

$$\text{d}[\text{P}]/\text{d}t = \text{d}[\text{Q}]/\text{d}t = k[\text{A}][\text{B}] \tag{15 \cdot 14}$$

(15・13)式と(15・14)式を比較するとわかるように, 不可逆反応の反応速度定数 k は, 反応物と活性複合体の間の平衡定数 K_{eq} と, 活性複合体から生成物への不可逆反応の反応速度定数 k_2 の積で表される.

$$k = K_{\text{eq}}k_2 \tag{15 \cdot 15}$$

このように, 反応物と生成物の間に活性複合体の存在を考え, 反応物と活性複合体の間の平衡状態を考慮する理論のことを遷移状態理論という.

15・3 活性複合体の反応座標に沿った運動

分子分配関数を使って, 反応物 A と反応物 B と活性複合体 $\text{X}^{\ddagger}$ の平衡定数 K_{eq} を考える. 電子運動の分子分配関数を除く分子分配関数 $q_{並進}q_{回転}q_{振動}$ を q' と定義し, 反応物 A と B の分子分配関数を q'_{A} と q'_{B}, 活性複合体 $\text{X}^{\ddagger}$ の分子分配関数を $q'_{\text{X}^{\ddagger}}$ とすると, 平衡定数 K_{eq} は,

$$\begin{aligned} K_{\text{eq}} &= \frac{[\text{X}^{\ddagger}]}{[\text{A}][\text{B}]} = \frac{N_{\text{X}^{\ddagger}}/V}{(N_{\text{A}}/V)(N_{\text{B}}/V)} \\ &= \frac{q'_{\text{X}^{\ddagger}}V}{q'_{\text{A}}q'_{\text{B}}} \exp\left(-\frac{E_{\text{a}}}{k_{\text{B}}T}\right) \end{aligned} \tag{15 \cdot 16}$$

と書ける*. ただし, 活性複合体$X^{\ddagger}$のエネルギーを基準0として, ΔEを反応物$A + B$のエネルギー$-E_a$で置き換えた (図15・2参照).

　反応物Aと反応物Bの分子分配関数q'_Aとq'_Bについては, 4〜6章で導いた$q_{並進}$, $q_{回転}$, $q_{振動}$を用いればよい. 活性複合体の分子分配関数$q'_{X^{\ddagger}}$については注意が必要である. 活性複合体$X^{\ddagger}$の反応座標に沿った運動〔$(A{\cdots}B)^{\ddagger} \rightarrow (P{\cdots}Q)^{\ddagger}$の分子内運動〕は振動運動ではない. どういうことかというと, 活性複合体$(A{\cdots}B)^{\ddagger}$が活性複合体$(P{\cdots}Q)^{\ddagger}$になると, 直ちに反応して反応物$P + Q$になるので, 活性複合体$(A{\cdots}B)^{\ddagger}$と活性複合体$(P{\cdots}Q)^{\ddagger}$の間を行ったり来たりできない (振動運動できない). したがって, 反応座標に沿った運動は振動運動ではなく, "分子内の並進運動"として扱わなければならない.

　たとえば, H原子とI_2分子が反応して, HI分子とI原子になる反応を考えよう. H原子がI_2分子に対して斜めから衝突したとすると, 図15・3のようになる. この場合の活性複合体は$(H{\cdots}I{\cdots}I)^{\ddagger}$である. これを$H_2O$分子のような平面三原子分子だと考えれば, 3次元の運動の自由度は並進運動が3, 回転運動が3, 振動運動が3 ($= 3{\times}3-6$) である. H_2O分子の振動運動を対称座標で表現すれば, 対称伸縮振動と逆対称伸縮振動と変角振動である (II巻13章参照).

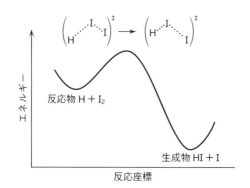

図 15・3　$H + I_2 \rightarrow HI + I$の活性複合体の反応座標に沿った運動

　H_2O分子の逆対称伸縮振動は, H原子がO原子に近づくにつれて, 別のH原子が離れる振動である〔図15・4(a)〕. 逆対称伸縮振動に相当する活性複合

---

* 　$A \rightleftarrows B$ならば(15・4)式で示したように$(N_B/V)/(N_A/V) = N_B/N_A = q_B/q_A$であるが, $A + B \rightleftarrows X^{\ddagger}$では反応系と生成系の分子の数が異なるので, 体積$V$は相殺されない.

体 $(H{\cdots}I{\cdots}I)^{\ddagger}$ の運動は，図 15・3 で示した反応座標に沿った運動のことである．H_2O 分子のような平面三原子分子ならば，原子核間距離が伸びたり縮んだりして逆対称伸縮振動になるが，活性複合体 $(H{\cdots}I{\cdots}I)^{\ddagger}$ では，H 原子が近づいて I 原子が離れると，I 原子と I 原子の結合が切れ，エネルギーが下がって安定になるので，HI 分子と I 原子になってしまう〔図 15・4(b)〕．つまり，図 15・3 の反応座標に沿った運動は振動運動ではなく，分子内の並進運動である．

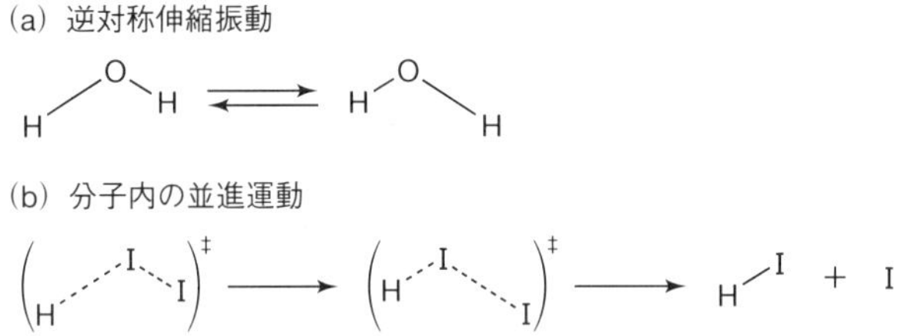

(a) 逆対称伸縮振動

(b) 分子内の並進運動

図 15・4 H_2O 分子の振動運動と活性複合体の分子内の並進運動

　活性複合体の反応座標に沿った運動を分子内の並進運動として扱うために，$(A{\cdots}B)^{\ddagger}{\sim}(P{\cdots}Q)^{\ddagger}$ の微小距離を δ と定義する（図 15・5）．また，反応座標に沿った並進運動の分子分配関数を q_r とする．分子全体が 3 次元空間を移動する並進運動の分子分配関数は，すでに(5・4)式で与えられていて，

$$q_{並進} = \left(\frac{2\pi M k_B T}{h^2}\right)^{3/2} V \qquad (15 \cdot 17)$$

である．ここで，M は分子の質量，k_B はボルツマン定数，h はプランク定数，T は熱力学温度，V は体積である．(15・17)式を利用して，活性複合体の反応

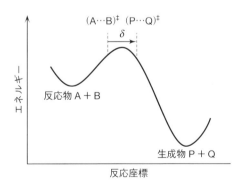

図 15・5 活性複合体の反応座標に沿った並進運動の微小距離 δ

座標に沿った並進運動の分子分配関数を考えよう．この場合の並進運動は1次元なので，(15・17)式の3/2乗（＝1/2乗×1/2乗×1/2乗）を1/2乗にする．また，3次元空間の体積 V を1次元空間の線 δ にする．さらに，分子内運動なので，活性複合体が質量 m_A の原子Aと質量 m_B の原子Bからなる二原子分子であると考えて，分子の質量 M の代わりに換算質量 $\mu = m_A m_B/(m_A+m_B)$ を用いる〔(3・23)式〕．そうすると，反応座標に沿った並進運動の分子分配関数 q_r は次のように表される．

$$q_r = \left(\frac{2\pi\mu k_B T}{h^2}\right)^{1/2}\delta \qquad (15\cdot18)$$

反応座標に沿った並進運動を除く運動の分子分配関数を $q''_{X\ddagger}$ とする．$q''_{X\ddagger}$ の具体的な関数については次節の後半で説明する．すべての運動の分子分配関数は，それぞれの分子分配関数の積だから〔(5・2)式参照〕，電子運動の分子分配関数を除いた分子分配関数 $q'_{X\ddagger}$ は次のようになる．

$$q'_{X\ddagger} = q_r q''_{X\ddagger} = \left(\frac{2\pi\mu k_B T}{h^2}\right)^{1/2}\delta q''_{X\ddagger} \qquad (15\cdot19)$$

(15・19)式を(15・16)式に代入すれば，平衡定数 K_{eq} は次のように表される．

$$K_{eq} = \left(\frac{2\pi\mu k_B T}{h^2}\right)^{1/2}\frac{\delta q''_{X\ddagger}V}{q'_A q'_B}\exp\left(-\frac{E_a}{k_B T}\right) \qquad (15\cdot20)$$

15・4 分子分配関数による反応速度定数

次に，活性複合体 $(A\cdots B)^{\ddagger}$ が $(P\cdots Q)^{\ddagger}$ になったあとで，$(P\cdots Q)^{\ddagger}$ が最終生成物PとQになる不可逆反応を考える．すでに述べたように，$(P\cdots Q)^{\ddagger}$ がPとQになる反応は滑り台を滑るように直ちに起こるから，$(A\cdots B)^{\ddagger} \to (P\cdots Q)^{\ddagger}$ が律速段階である．したがって，反応速度定数 k_2 は $(A\cdots B)^{\ddagger}$ が $(P\cdots Q)^{\ddagger}$ になる時間 τ の逆数と考えればよい〔(9・29)式〕．τ は反応座標に沿った微小距離 δ を，反応座標に沿った速さ v_r で割り算すれば求められる．ただし，遷移状態での速さは個々の活性複合体でさまざまだから，平均値 $\langle v_r\rangle$ を用いることにする．反応座標に沿った並進運動は1次元の運動だから，平均速さ $\langle v_r\rangle$ を求めるためには，v_r に1次元の運動の速度分布の確率 Φdv_r を掛け算して，積分すればよい*〔(2・10)式参照〕．

---

* 反応座標に沿った一つの方向への運動なので，v_r は正の値．積分範囲は $0\sim\infty$ となる．

$$\langle v_r \rangle = \int_0^\infty \left(\frac{\mu}{2\pi k_B T} \right)^{1/2} v_r \exp\left(-\frac{\mu v_r^{\,2}}{2 k_B T} \right) dv_r \qquad (15 \cdot 21)$$

ただし，$(2 \cdot 10)$式の m の代わりに換算質量 μ，dv_x の代わりに dv_r とした．この積分は$(2 \cdot 28)$式の公式で $n = 0$，$\alpha = \mu/2k_B T$ とおくと計算できる．

$$\langle v_r \rangle = \left(\frac{\mu}{2\pi k_B T} \right)^{1/2} \frac{2 k_B T}{2\mu} = \left(\frac{k_B T}{2\pi\mu} \right)^{1/2} \qquad (15 \cdot 22)$$

　微小距離 δ だけ移動するための平均時間 τ は，δ を$(15 \cdot 22)$式の速さの平均値 $\langle v_r \rangle$ で割り算して，

$$\tau = \delta \left(\frac{2\pi\mu}{k_B T} \right)^{1/2} \qquad (15 \cdot 23)$$

となる．そうすると，反応速度定数 k_2 は平均時間 τ の逆数をとって，

$$k_2 = \frac{1}{\tau} = \frac{1}{\delta} \left(\frac{k_B T}{2\pi\mu} \right)^{1/2} \qquad (15 \cdot 24)$$

となる．したがって，$(15 \cdot 20)$式の K_{eq} と$(15 \cdot 24)$式の k_2 を$(15 \cdot 15)$式に代入して，反応速度定数 k は，

$$\begin{aligned} k &= \left(\frac{2\pi\mu k_B T}{h^2} \right)^{1/2} \frac{\delta\, q''_{X\ddagger} V}{q'_A q'_B} \exp\left(-\frac{E_a}{k_B T} \right) \frac{1}{\delta} \left(\frac{k_B T}{2\pi\mu} \right)^{1/2} \\ &= \frac{k_B T}{h} \frac{q''_{X\ddagger} V}{q'_A q'_B} \exp\left(-\frac{E_a}{k_B T} \right) \end{aligned} \qquad (15 \cdot 25)$$

と表される．図 $15 \cdot 5$ では，活性複合体の分子内の並進運動の距離を δ と定義したが，最終的には生成物の増加速度の反応速度定数に関係しない．

　分子分配関数 $(q'_A,\ q'_B,\ q''_{X\ddagger})$ を具体的に求めてみよう．計算を簡単にするために，A と B を剛体球，つまり，単原子分子とし，活性複合体を二原子分子 AB とする（図 $15 \cdot 6$）．そうすると，A と B の分子分配関数は，単原子分子の

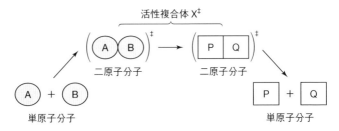

図 $15 \cdot 6$　単原子分子と二原子分子による近似

(4・17)式〔(15・17)式と同じ〕を適用できて,

$$q'_A = \left(\frac{2\pi m_A k_B T}{h^2}\right)^{3/2} V \quad \text{および} \quad q'_B = \left(\frac{2\pi m_B k_B T}{h^2}\right)^{3/2} V \quad (15 \cdot 26)$$

となる（単原子分子なので, 回転運動や振動運動は考えなくてよい).

　一方, 活性複合体は並進運動だけではなく, 回転運動, 振動運動の分子分配関数を考える必要がある. 二原子分子の分子全体の並進運動に関する分子分配関数は(5・4)式で与えられていて,

$$q_{並進(X^‡)} = \left\{\frac{2\pi (m_A + m_B) k_B T}{h^2}\right\}^{3/2} V \quad (15 \cdot 27)$$

である. ただし, $M = m_A + m_B$ とおいた*. また, 二原子分子の回転運動に関する分子分配関数は, (5・12)式を(5・19)式に代入して, 次のようになる.

$$q_{回転} = \frac{8\pi^2 I k_B T}{h^2} \quad (15 \cdot 28)$$

ただし, 慣性モーメント I は剛体球 A と剛体球 B の中心の距離 d を使って,

$$I = \mu d^2 \quad (15 \cdot 29)$$

と定義される（Ⅱ巻§1・4参照）. したがって, 活性複合体の回転運動に関する分子分配関数 $q_{回転(X^‡)}$ は, 次のようになる.

$$q_{回転(X^‡)} = \frac{8\pi^2 \mu d^2 k_B T}{h^2} \quad (15 \cdot 30)$$

　反応座標に沿った振動運動（分子内の並進運動）を除く振動運動は化学反応に関与しないので, $q_{振動(X^‡)} = 1$ とおく. 振動励起状態のエネルギーは高いので, 化学反応が進む間は振動基底状態のみに分布すると考えればよいという意味である（§5・5参照）. 結局, (15・26)式, (15・27)式, (15・30)式を(15・25)式に代入すると, 反応速度定数 k は次のようになる（k_B はボルツマン定数）.

$$k = \frac{k_B T}{h} \left\{\frac{2\pi (m_A + m_B) k_B T}{h^2}\right\}^{3/2} \left(\frac{8\pi^2 \mu d^2 k_B T}{h^2}\right)\left(\frac{h^2}{2\pi m_A k_B T}\right)^{3/2}$$

$$\times \left(\frac{h^2}{2\pi m_B k_B T}\right)^{3/2} \exp\left(-\frac{E_a}{k_B T}\right) \quad (15 \cdot 31)$$

$$= \frac{8\pi^2 \mu d^2 k_B^2 T^2}{(2\pi \mu k_B T)^{3/2}} \exp\left(-\frac{E_a}{k_B T}\right) = \pi d^2 \left(\frac{8 k_B T}{\pi \mu}\right)^{1/2} \exp\left(-\frac{E_a}{k_B T}\right)$$

---

*　分子内の反応座標に沿った並進運動は A と B の相対運動なので, 換算質量 μ で置き換えた. 分子全体の並進運動は質量中心の運動なので, 分子の質量 $M = m_A + m_B$ で置き換える.

ここで，換算質量の定義〔$\mu = m_A m_B/(m_A + m_B)$〕を利用した（体積 V は相殺）．

15·5　衝突断面積と反応速度定数

　活性複合体になるためには，分子 A と分子 B が衝突する必要がある．そうすると，3 章で説明した衝突頻度が(15·31)式の反応速度定数 k に関係するはずである．つまり，衝突頻度が大きければ反応速度定数も大きく，衝突頻度が小さければ反応速度定数も小さいはずである．

　分子 A と分子 B を剛体球とすると，それらの全衝突頻度 Z_{AB} は衝突断面積 σ_{AB} とそれぞれの数密度 ρ_A と ρ_B を使って，

$$Z_{AB} = \rho_A \rho_B \sigma_{AB}\left(\frac{8k_B T}{\pi \mu}\right)^{1/2} \tag{15·32}$$

と表される〔(3·36)式参照〕．衝突断面積 σ_{AB} は，

$$\sigma_{AB} = \frac{\pi}{4}(a_A + a_B)^2 \tag{15·33}$$

である〔(3·34)式参照〕．a_A と a_B は分子 A と分子 B を剛体球とみなしたときの直径である．活性複合体を二原子分子で近似すると，原子間距離 d は剛体球 A と剛体球 B の半径の和だから，

$$d = a_A/2 + a_B/2 = (a_A + a_B)/2 \tag{15·34}$$

となる．そうすると，(15·33)式の衝突断面積 σ_{AB} は，

$$\sigma_{AB} = \pi d^2 \tag{15·35}$$

となる．また，数密度 ρ_A と ρ_B を [A] と [B] で置き換えれば，(15·32)式は，

$$Z_{AB} = \pi d^2\left(\frac{8k_B T}{\pi \mu}\right)^{1/2}[A][B] \tag{15·36}$$

と書ける．もしも，分子 A と分子 B が衝突してできるすべての活性複合体が反応するならば，全衝突頻度 Z_{AB} が生成物 P と生成物 Q の生成速度（d[P]/dt および d[Q]/dt）を表す．そうすると，(15·36)式と(15·14)式との比較によって，不可逆反応（A + B → P + Q）の反応速度定数 k は次のようになる．

$$k = \pi d^2\left(\frac{8k_B T}{\pi \mu}\right)^{1/2} \tag{15·37}$$

　しかし，分子 A と分子 B が衝突しても，必ずしも反応して分子 P と分子 Q ができるわけではない．最も簡単な近似は，衝突によって供給される分子内エネルギーが活性化エネルギー E_a よりも高ければ，すべて同じように反応障壁の

山の上を通り抜けて分子Pと分子Qができるという仮定である（図15・7）. 一方，供給される分子内エネルギーが活性化エネルギー E_a よりも低ければ，すべて同じように反応しないと仮定する. 反応する分子の確率はボルツマン分布則 $\exp(-\Delta E/k_B T)$ を参考にして計算できる（ΔE の基準の0は，反応物のエネルギーとする）. まずは，ボルツマン分布則を確率の式に直すために規格化する（§2・2参照）. 全領域で積分した規格化定数で，$\exp(-\Delta E/k_B T)$ を割り算するという意味である. 規格化定数は，

$$\int_0^\infty \exp\left(-\frac{\Delta E}{k_B T}\right) \mathrm{d}\Delta E = \left[-k_B T \exp\left(-\frac{\Delta E}{k_B T}\right)\right]_0^\infty = k_B T \qquad (15 \cdot 38)$$

と計算できる*. したがって，衝突によって供給されるエネルギー ΔE が，活性化エネルギー E_a よりも大きくなる確率は，規格化定数 $k_B T$ で割り算した後で，$E_a \sim \infty$ の範囲で積分すればよい.

$$\int_{E_a}^\infty \frac{1}{k_B T} \exp\left(-\frac{\Delta E}{k_B T}\right) \mathrm{d}\Delta E = \left[-\exp\left(-\frac{\Delta E}{k_B T}\right)\right]_{E_a}^\infty = \exp\left(-\frac{E_a}{k_B T}\right)$$
$$(15 \cdot 39)$$

活性複合体のエネルギーが $E_a \sim \infty$ の範囲にある確率を考慮すると，反応速度定数は(15・39)式を(15・37)式に掛け算して，

$$k = \pi d^2 \left(\frac{8 k_B T}{\pi \mu}\right)^{1/2} \exp\left(-\frac{E_a}{k_B T}\right) \qquad (15 \cdot 40)$$

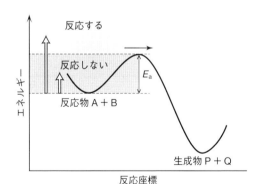

図 15・7 衝突で供給される分子内エネルギーと活性化エネルギーの関係
（$\Delta E < E_a$ は反応しないが，$\Delta E > E_a$ は反応する）

---

* エネルギー ΔE で積分しているので，規格化定数の単位はJとなる.

となる．全衝突断面積を用いて得られた反応速度定数が，分子分配関数を用い
て計算した(15・31)式の反応速度定数と一致することがわかる．

　これまでは，$\Delta E > E_a$ ならば，反応速度定数の大きさはすべて同じであると
仮定して計算した．しかし，実際には活性複合体のエネルギーが大きければ大
きいほど，反応速度定数は大きくなるはずである．反応の障壁（山の頂上）か
らのエネルギー差の違いによる反応速度定数の違いも考慮した遷移状態理論
が，ライス（O. K. Rise），ラムスパーガー（H. C. Ramsperger），カッセル（L.
S. Kassel）によって提唱された．これを RRK 理論という．図 15・8(a)の矢印
の長さの違いが反応速度定数の大きさの違いを表す．さらに，厳密には，分子
A と分子 B が衝突によってできる分子内エネルギーの高い状態 $(A \cdots B)^*$ は，
活性複合体 $(A \cdots B)^\ddagger$ とは形が異なる．$(A \cdots B)^*$ と $(A \cdots B)^\ddagger$ との平衡状態も考
慮した理論が RRKM 理論である〔図 15・8(b)〕．M はマーカス（R. A. Marcus）
の頭文字である．より詳しく学びたい人は，§13・1脚注の参考書を読んで欲し
しい．

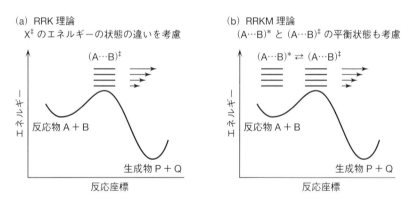

図 15・8　**RRK 理論と RRKM 理論**

章 末 問 題

15・1　可逆反応 $H_2 + I_2 \rightleftarrows 2HI$ の平衡状態を考える．それぞれの分子の分子
分配関数 q' と解離エネルギー D_e を使って，平衡定数 K_{eq} を式で表せ．ただし，
q' は電子運動の分子分配関数を除く分子分配関数とする．

15・2　二原子分子と平面三原子分子からなる活性複合体を考える．それぞれ
の運動の自由度を答えよ．

15・3　H原子がI_2分子の結合方向にまっすぐ衝突した場合，遷移状態の反応座標に沿った分子内の並進運動は，O=C=S（硫化カルボニル）分子のどのような振動運動に対応するかを答えよ．

15・4　$2NO \rightarrow N_2 + O_2$ の化学反応を考える．遷移状態理論で，反応物の方向と生成物の方向の活性複合体の形を模式的に描け．

15・5　(15・31)式では，m_A と m_B が消えて μ で表されている．1行目の質量に関する項を取出して，途中の計算を確認せよ．

15・6　反応物のAとBが同じ種類の場合，(15・31)式の反応速度定数を表す式はどのようになるか．反応物の質量を m とする．

15・7　(15・37)式の反応速度定数の単位を求めよ．また，(15・36)式の全衝突頻度が数密度の時間変化になることを確認せよ．

15・8　$\Delta E > 2E_a$ の場合にすべて同じように反応し，それ以外は反応しないと仮定する．(15・37)式の反応速度定数はどのような式で表されるか．

15・9　反応速度定数の温度依存性を調べたい．縦軸に k，横軸に T をとって，(15・40)式をグラフで模式的に表せ．

15・10　温度を300Kから600Kにする．(15・40)式の反応速度定数 k は何倍になるか．

索　　　引

なか た むね たか
中 田 宗 隆

1953 年 愛知県に生まれる
1977 年 東京大学理学部 卒
広島大学講師(～1989),
東京農工大学助教授(～1995)を経て,
東京農工大学教授(～2019)
東京農工大学名誉教授
専門 量子化学, 分光学, 光化学
理 学 博 士

第 1 版 第 1 刷 2020 年 9 月 24 日 発 行

基礎コース物理化学 **III. 化学動力学**

© 2 0 2 0

著　者　　中　田　宗　隆
発 行 者　　住　田　六　連
発　行　**株式会社 東京化学同人**
東京都文京区千石 3-36-7 (〒112-0011)
電話 (03)3946-5311・FAX (03)3946-5317
URL: http://www.tkd-pbl.com/

印　刷　　中央印刷株式会社
製　本　　株式会社 松 岳 社

ISBN978-4-8079-0938-4
Printed in Japan

物理化学の重要な概念をかみくだいて
解説した初学者向き教科書シリーズ

基礎コース 物理化学
全4巻

中田宗隆 著
A5 判　各巻 200 ページ前後

I. 量　子　化　学
II. 分 子 分 光 学
III. 化 学 動 力 学
IV. 化 学 熱 力 学